禅风佛韵系列

冯学成／著

心灵锁钥

人民东方出版传媒
People's Oriental Publishing & Media
東方出版社
The Oriental Press

总导言

古人说："不如意事常八九，可与语人无二三。"为什么如意？为什么不如意？当然都会有其因果关系。孔子说："不知命，无以为君子也。"庄子说："知其不可奈何而安之若命。"古代圣贤把命放在心性的结构及其展开上来认识，教导人们把目光凝聚在心性的修为上，而不是成天去盘算命运的吉凶。故古圣贤说"只问耕耘，不问收获"。

我的人生道路，前大段可以说是非常地不如意，好在自己对这个不如意从来不放在心上。自打上山下乡开始，我主要的精力就放在对中国传统文化的学习和思考上。不论是儒家的、道家的，还是佛家的，学起来总是津津有味。用本光法师指导我的话来说："要一切处建立学处，一切处坚持学处，一切处都是道场。"由于有这样的信念，几十年来，不论顺逆吉凶，我都将其当成道场，当作修养心性的地带。这当然有极大的好处，首先是自己的心性没有太多的阴暗面，另外，对古圣贤的典籍自感有不少会心之处。

我在1969年初当知青，1975年初进监狱，直到1982年底才从监狱出来。次年接父亲的班，在成都一家商店先当搬运工，后当营业员。由于长期和本光法师、贾题韬老师学习，笔下也有一点基础，1988年贾老推荐我参加了《四川省宗教志·佛教篇》的编撰。我用两年的时间，与朋友们一起完成了任务。因为对四川省佛教的历史大体了然于胸，于是着手编辑了《巴蜀禅灯录》一书，此书一出版，立即受到各界的好评，自己也从此走上了笔耕之路。

说来惭愧，自1991年开始，我陆续出版了《四季禅》、《生活中的大圆满法》（这两本书当时即被台湾购版发行）、《心灵锁钥》、《棒喝截流》（这两本书2008年由南方日报出版社以《心的世界》

为名再版)、《明月藏鹭》、《云门宗史话》、《赵州禅师语录·壁观》等多部有关佛教禅宗的著作，但稿费可怜，还不够送书的。虽有弊，却也有利。1999年，广东云门寺佛源老和尚到成都，为成都文殊院圆寂的宽霖老和尚举火，我前去亲近时，佛源老和尚说：“我知道你，看过你搞的《巴蜀禅灯录》、《棒喝截流》和《明月藏鹭》，欢迎你到云门寺来，在云门寺佛学院讲禅宗。”在佛源老和尚的关照下，我于2000年开始，前往广东，成了云门寺的常客，此举开阔了我的眼界，在成都多年的困顿似乎一扫而空。

我于2004年在成都创办龙江书院，2008年开始在广州讲课，其间拟建南华书院，但因不能注册，今年方正式注册成立了“粤海书院”。近十年间，在成都、广州两地陆续开讲孔孟老庄禅系列经典，并在2008年由南方日报出版社出版了《信心铭》、《云门宗史话》、《心的世界》和《禅说庄子》（一、二、三、四）七册。我所出版的书，都是一版告罄，如今在网上也难购到。

去年初，东方出版社的总编许剑秋先生到广州，欲与我签订出版的战略合作协议，承诺把我所讲、所著的书全部出版。我虽心存感激，但更多的是惶恐，我一介草民，没有令人瞩目的社会头衔，能享受这样的待遇吗？故当时不敢应承。后来许总编又两次到广州，并听我讲《通书》、《道德经》，虽然只听了一些片段，但许总编的真诚打动了我，并给予我信心。去年底，终于在“战略合作协议”上签了字，由东方出版社出版我的所有作品（之前已与南方日报出版社签的四本除外）。

于是今年我就忙得一塌糊涂。我已讲了《庄子》二十五篇，可以分为十六册出版，今年先出八本，《生活中的大圆满法》、《心灵锁钥》、《棒喝截流》、《信心铭》和《云门宗史话》也由东方出版社再版发行。幸亏有几位助手，袁义蓉、田璐、刘群珍为我承担了大部分的校对工作，张子库为我承担了与东方出版社沟通、联系的具体事务。当然还有出版社的编辑们，以及好多朋友也为这些书的出版付出了辛劳，在此一并致谢！

《生活中的大圆满法》、《心灵锁钥》、《棒喝截流》和《信心铭》四部书，东方出版社冠以“禅风佛韵”丛书名出版，心里充满感激之情。《生活中的大圆满法》是我的处女作，当时成都出版社的社长、四川文史专家谭继和先生认为是本好书，大力支持出版，但也仅印了五千册，台湾印了多少不知道。

《信心铭》则是将三祖僧璨的这部禅宗经典逐句通俗地讲一遍，千余年来也仅此一部。《信心铭》一经出版，更是有众多的人前来咨询，不仅网上购不着，旧书网上也难购到原书，而多为复印件，且价格不菲。我对知识产权没研究，但看见有众多喜好我书的读者无书可购，我也无可奈何。

《心灵锁钥》是通过《心经》对唯识学做一些大致的介绍，使人们对佛教的理论体系有所了解，这是我平生费心最多、耗时最长的一部介绍佛教体系的书。该书兼对天台、华严、禅宗都作了相应的剖析，对初入佛门的人来说，它是了解印度和中国佛教的一部有趣的、可读性较强的书。

《棒喝截流》是在《心灵锁钥》之后所著，只用了半个月的时间就完成了，可谓一气呵成。这是因为我对禅宗的内部结构和方法很熟，对公案、机锋棒喝也有所领会，所以不像唯识学那样画工笔似的精细，而是用大写意的手法随兴即成。

前面说到人生的如意和不如意，以前所出版之书大多不如意——印数人少，我也谈不上获利，但毕竟为我铺垫了不薄的基础，这就是如意。今年借东方出版社之力，那些沉睡多年的故纸也得以重新应世，这可是大如意之事，当然得向东方出版社致谢！所以今年尽管有十七部书的压力，但总的来说仍然感到轻松，并没有多少疲惫感，大概这就是“人逢喜事精神爽”吧。写到这里，忽然想到1984年我三十五岁时所作的一首《念奴娇》，描述的是出狱一年后的心境，借来作为这篇导言的结语吧。

念奴娇·三十五岁自咏

蜀山英气，接昆仑，险绝当无人顾。长饮炉关冰雪沁，凝就冰肝寒腑。戏逐灵涛，还驱玄浪，八极寻天鼓。我知非梦，倩谁携袖同去。

归来屈指今朝，烂漫桃花，贺我逢三五。盘盏无须樽酒肉，直取案头新赋。天语殷勤，景深春好，万里长安路。鹏来应问，北冥尚有鱼否？

2008年再版前言

1995年，由四川省社科院策划，四川人民出版社出版了一套十册的中华佛学文化系列丛书，我担当了《心灵锁钥》和《棒喝截流》这两本书的写作任务。《心灵锁钥》主要是从心理层面上，结合佛教的基础理论，介绍了印度唯识学和中国天台宗、华严宗、禅宗诸宗的大意。很多朋友说，这本书可以作为佛教基础教材使用并加以推广——就算是对我的厚爱吧。《棒喝截流》则是介绍了中国禅宗的内在结构和表现形式，是一本了解禅宗的入门读物。当初出版时，印了一万套，结果却没有实现当初畅销的预期。到了第二年，出版社便将丛书打折清库给处理掉了。

两三年后，这两本书却引起了较为广泛的注意——许多人打电话来索取。尤其是近几年，这两本书的内容被众多的佛教网站和个人博客转载，更多的人打电话来询问此书的再版，也曾有几家出版社前来商榷再版事宜。

去年，我的相关作品和近几年的讲课内容得到南方日报出版社的关注，经过几次接触，他们邀我出一套有关国学的普及丛书——北京立品图书公司也加盟参与，计划对中国传统文化中的儒释道三学进行介绍和推广。除了儒家的《论语》、《中庸》、《周易》和道家的老庄外，他们也很重视佛教，尤其是禅宗的内容，因为广东是六祖大师的故乡和传法之地，禅宗则是广东省历史文化的骄傲。

今年初，南方日报出版社首先推出了《禅说庄子》的一、二两册以及《信心铭》和《云门宗史话》四本书；这次又推出了《禅说庄子》的三、四两册和《心的世界》（《心灵锁钥》和《棒喝截流》的合集）三本书；十月前后还将推出《走近论语》、《体会中庸》、《易经片鳞》和《禅说庄子》的五、六两册。而《明月藏鹭——千首禅诗品析》和《赵州语录·壁观》，一直受到读者们的好评，也会择时出版。

谈起《心灵锁钥》的再版，心里真是百感交集。对佛教唯识学，人们能看到的都是以前大师们注疏类的专著，今天的人们要看懂这一套结构严谨、体系博大、词语专业晦涩的系统佛学理论是相当困难的。当年我写这本书的时候，的确是花了不少的功夫，尽力让其通俗、清新，并结合人们所熟悉的自我心理感受来加以发挥，使读者能够较有趣味地读这套艰深的学问，并有会心之感。

20 世纪 80 年代后期以来，禅宗在海内外一直是较为热门的，为广大爱好者们所关注。但让人们能全面系统地对禅宗有种如实的感受，使其从古奥、孤绝的传统表现形式中走出来，面向当代人的情趣而加以介绍，并有相应的可读性，却不是一件容易的事。当时笔者正沉浸在对禅宗研习的热情中——《棒喝截流》乃一气呵成之作，自我感觉还是不错的。今天能有幸再版，也是出版者和广大读者对此两本书的认可所致。

此次再版，为了保持该书的原貌和作者的心路历程，除了对某些字句进行了校订外，对内容基本没有作任何改动，希望能够得到读者们的喜爱。在这里要对南方日报出版社和北京立品图书公司表示感谢，他们对我的关照令人感动。

用两首小诗作为此次再版的感言吧：

佛衣常伴定中人，忍别灵山入石门。
历劫鸡峰云不老，虚空犹自染苔痕。

（2001 年侍佛源老和尚于鸡足山礼华首门）

月没星稀梦亦迟，香莲不解咏荷诗。
禅风透体浑如醉，只有瑶台烛影知。

（2007 年于四祖寺呈净慧老和尚）

冯学成

2008 年 6 月于广州龙洞寓所

目 录

引言

——生命和精神的絮语

不知有多少万个岁月了……

人类不满足自己所熟悉的、赖以生存的山河大地、森林草泽和田园市集，常常在晴朗的夜晚，凝视那群星灿烂的天宇，天宇是那样的深邃和宁静，除了偶尔有一颗流星掠过，但仅仅只有短短的一瞬。有几颗被人类称为行星的星点，少则数月，多则十余年，悄悄地在天宇中运行一周。这种难以令人察觉的蠕动，除了专职的史官或“天官”外，一般的人们从来不知道它们会“动”。只有那个时缺时圆的月亮，因与农业生产的关系较大，也因为常被诗人们咏叹，更因为它在天空中的地位仅次于太阳，所以常常被人们关注，包括它的阴晴圆缺。而太阳在人类的心目中的地位是绝对的，春夏秋冬四季的运行，五谷杂粮、瓜果蔬菜及人类赖以生存的一切，全都得看太阳星君的脸色。当然，太阳与月亮一样，在天宇中运行的现象是明显的。

太阳显现于白天，星空则显现于夜晚。夜晚的大地是万籁俱寂，而星空和宇宙则是永恒的宁静。

地球是喧闹的，从涓滴山泉汇成咆哮的江河、大海的怒涛；从空谷鸟语、竹篱虫鸣到狮虎之吼；从起于“青萍之末”，往来于花丛椒兰间的煦煦和风到荒原暴起的狂沙和雪原揭起的琼玉。正如庄子所描绘的那样：“野马也，尘埃也，生物之以息相吹也。”哪怕在极端的沉静中，无处不可感受到生命之力的脉动。

人类社会则不止是喧闹，更多的是忙乱。生活在城市里的人更是熙熙攘攘、汲汲碌碌，喜气怨气随处可见。荣辱得失，利害是非，喜怒哀乐是人生这根琴弦所弹奏的主旋律，而盛衰兴亡，治乱成败，升平的歌舞和疆场的刀剑则是社会和国家所常常演出的交响乐。

勤奋和奉献的人如一头不知疲乏的老黄牛，自私懒散、唯知享乐的人像一头卧槽的大肥猪，钻营投机、无孔不入的人像山沟村野旁的小狐狸，凶残霸道、贪婪阴狠的人如同草原山林中的豺狼……

贫困和富贵，失落和得势，野菜和泪的苦寒和一笑千金的媚语，种种差别，如同人世间的“阴阳”二气，在历史中，不分国家和民族，总是演不完的悲喜剧。

许多厌倦于尘世的人想远避山林，但往往耐不住寂寞和清苦；也有人操习“异能”想“移民”于天国，但又“飞升”无术。

二十世纪六七十年代，人类在月球上留下了自己的足迹。月球，并非如古代仙家们所描绘的是什么“琼楼玉宇”，也不是什么“神仙府第”，那里只是一片荒漠，而且是那样阴森和峥嵘。登月者留恋着地球母亲，当他们注视地球时，竟又是那么的陌生——如在地球上看见的月亮一样，只不过大一些、蓝一些而已。地球竟是那样地小，也是那样地宁静。如果在月球以外的天体上来观察地球呢？地球则更为渺小，更是毫无生气，如同空中一粒微小的浮尘。

生活在地球上的人有这样的感受吗？在今天的地球上，有50多亿双眼睛，有50多亿颗心灵，他们全都在用自己的眼光审视与自己相关的世界，都在用自己的头脑来“算计”这个存在于地球上的共同的世界——各有各的情感，各有各的好恶，各有各的取舍，各有各的行为。

多少世纪以来，科学家用特有的智慧来观察这个世界，观察这个宇宙，在今天更拥有了能分辨分子结构的高倍电子显微镜、庞大的射电望远镜和外太空望远镜，还有数以千计的环绕地球运行的人造卫星和一些正在穿越太阳系的行星考察飞行器，当然还有众多的、最先进的超巨型电子计算机。

我们面对的世界是什么？人类生命现象乃至地球上的那些动物、植物、微生物的生命现象是什么？外太空中有我们地球上所存在的生命现象吗？

人是万物之灵吗？人类的理智及精神和心理的依据是什么？在生命现象中是唯一的吗？其他生命体也存在着类似于人类的理智、精神和心理现象吗？外太空中有没有智慧的生命呢？

现今的科学并不能回答所有的问题，也不能证明所有的问题。不过有一点是明确的，生命现象和智慧生命的存在的确只局限于地球。众多的科学家用杰出的头脑，并使用众多的电子计算机处理了数以万亿计的外太空的信息和数据，包括对月球、金星、火星上的实物分析，完全得不出地球之外的天体上有生命存在的微小可能性的证据——当然科学会继续并永远把眼光放在对地球以外的生命考察上。

人类之所以能够认识和改造世界，是因为人类拥有在一切生命存在中所独具的理智——至少可以说是高于并远远高于其他生命体的这种理智。理智是人类精神功能的一个重要组成部分，但不是唯一的部分，人类的精神内容和功能尚有多种层次和类别，理智并非唯一，更非绝对。

人的精神现象，包括心理的，情感的，意志的，认识的；也包括自然的，社会的；从宇宙到人生，从历史到现在；从“小我”到“大我”，总之无所不包。人面对着整个的物质世界和精神世界以及它们的任何部分和角落，并使之成为自己的感知对象和认识内容，进而融汇成为不可分割的精神实体。任何人从他呱呱坠地的那一天开始，就同自己的精神、心理打交道了，不论圣人还是俗人，不论皇帝还是平民，不论智者还是呆子，都必然生活在自己的精神世界之中，这是任何人都无法摆脱的客观事实，如同天罗地网一样，把天地万物纤毫不漏地笼罩在其中。历史的演变，社会的兴衰，个人的荣辱哀乐，全都编织在这张庞大无形的精神之网中，从生至死，谁能有片刻时光逍遥于其外呢？

人们面对着自己的客观世界，更面对着自己的主观世界，而每一个人，都是以自己特有的目光来审视这个天人交融的世界。如果说每一个人的精神都是一颗晶莹的水珠，那么全人类、全部人类文明史则是由无数水珠汇成的、奔流不息的江河，并且注入宇宙生命——精神，这个

"绝对精神"的海洋。

当人类从纯自然的生命形态进入人类社会，就产生了社会化的意识形态，并从被动的精神——心理承受者转变为主动的探索者和研究者。范围则从个人扩大到民族，从人类延伸到动物、植物及其他生命体，并且从地球生命推及到宇宙生命。

这种对精神——心理的探索和研究，在古埃及、古印度和古希腊，当然还有古代的中国，都具有崇高的地位而优于其他学科——人是"万物之灵"啊！人为什么会是万物之灵？这个"灵"又灵在什么地方，这是与人息息相关并具有莫大魅力的问题，又是那样的玄奥难解。许多人在面对这个问题时，一开始总是自信，甚至认为不值一答：这么清楚，这么明白，就是这么回事嘛！但是，进一步探究时，几乎每一个人都会糊涂起来——的确难以回答，因为这是人类最初的问题，也是最终的问题。人类的精神、心理和认识，借助眼耳鼻舌和头脑，已从常态的自然时空认识深入到原子和基本粒子，扩展到史前史后的地球乃至全部宇宙。是什么力量带领人类的认识开启这一神圣历程的呢？它的内在依据又是什么呢？最终的结论又是什么呢？

人类对精神——心理的探索和研究，经历了数千年的进程，今天已成为一个庞大的学科，其内涵包括了哲学、逻辑学、心理学、行为学、社会学、医学、生理学、生物学、遗传学、生化学等众多的领域，横跨整个社会科学和自然科学——人类的全部文明都是赖于这个精神——心理活动的开展运行而得以成立，所以不论怎么归纳都不过分。其中仅心理学一项，就有基础心理学（普通心理学）、应用心理学两大类，包括了生理心理学、比较心理学、年龄心理学、教育心理学、社会心理学、医学心理学、工程心理学，甚至商业心理学、艺术心理学、决策心理学等等众多分支。人类思维、情感和行为所到之处，无不与其心理活动的过程交融在一起，不可分割。所以精神和心理，不仅是学者专家们研究的对象，也是每一个人生活和工作的现实依据。人们真实意义上的生活，根本意义上的生活，就是出没于自己的精神——心理的海洋之中。

在中国传统文化中，对精神——心理现象的研究统称为"心性之学”，远在先秦时代，对这个精神——心理的心性之学的探索和研究就已初具规模，并为以后的发展奠定了基础。在四书五经中，在孔孟老庄的著述中，是那样的精彩深刻和感人，不仅具有理论性，而且还具有实践性。而这个实践性，正是中国心性之学有别于西方的显著特点。

东汉以来，随着印度佛学的不断传入，极大地丰富了中国的这一学说，到唐初玄奘大师从印度留学归来，更使这一学说达到了巅峰状态，这就是玄奘大师在中国建立的“唯识——法相”学说。识，是指全体性的生命和精神；法相，是指一切精神的、心理的现象。唯识——法相学，就是用佛教的教义和学说，来解释一切生命的精神和心理的实质和现象，并规范出一整套指导修行实践的程序和方法。

玄奘大师把这一学说介绍回国之际，当时真是举国若狂，身在洛阳准备东征高丽的唐太宗派宰相房玄龄率领百官出长安城外“郊迎”，朝廷安排人力物力帮助玄奘大师翻译经典，唐太宗还为之写了著名的《三藏圣教序》。上至朝廷百官，下到地方州县，更不用说国内众多的寺庙了（当时那些大的佛教寺庙本身就是一座座佛学院，以学习、研究和实践佛学为根本目的）。唯识——法相之学在十余年内就风靡全国。唐代以后，唯识——法相之学与天台、华严、净土特别是与禅宗融合，在宋以后又与儒、道融合，这就使中国的心性之学更加系统严密，圆融周到和成熟，并成为中华民族经典中常开不谢的、光彩夺目的花朵。

佛学有一个别名叫“内学”，也就是“心学”。可是近现代有关精神——心理的专著中，特别在西方心理学系统中，却很少有人提到佛学这一重要领域，似乎佛学是宗教学，它与科学的心理学不应该搭上关系，若有关系，也不过被放在宗教心理学这一分支之中而已。这当然是由于对佛教心性之学的无知和误解。上世纪 40 年代以来，日本禅宗大师铃木大拙博士在美国讲学，才使心理学，主要是心理分析这一学科注意到了佛学（主要是禅宗）的价值和作用。现代心理分析引入了禅宗的艺术和方法，并使自己有了长足的进展。但现代心理学对整个的佛教，尤其对唯识——法相之学则知之不多，这不能不说是现代心理学的遗憾和疏漏。

佛学是完全彻底的心性之学，它的对象不论是主体还是客体，都离不开精神——心理的本质和现象，并从头到尾，从生至死，从恶到善，从人生到宇宙与之并行不悖。佛学不仅讲心性之理，而且讲心性之用，特别注重对自身心性的改造并直接趋向于涅槃大道，这就是佛教在心性上的修行。所以佛学有色、受、想、行、识这“五蕴”，眼、耳、鼻、舌、身、意，色、声、香、味、触、法这“六根六尘”，从眼界到意识界的“十八界”，乃至五位百法，对生命——精神——心理，乃至行为心理和社会心理及其因果关系，都有详尽的说明，并有“八万四千法门”供自我改造和实践之用。在中国佛教的各大宗派中，在数十代、一千多年无数高僧们的修行实践中，更总结出许多行之有效的方法，并自成体系。若论撮大要、奋精神，明心见性、速成菩提的法门，则首推禅宗。

笔者在《生活中的大圆满法》一书中曾提到：

在中华民族的发展史上，曾出现过四次文化高峰现象，这就是先秦诸子争鸣时期、魏晋南北朝玄学时期、隋唐佛学时期和宋明理学时期。中华民族文化这四个高峰现象，除先秦诸子学说与佛学无关外，其余三个时期，佛学都是其中重要的角色，甚至是主要的角色。正是由于佛学的介入，使华夏文化从秦汉以来的儒道互补结构，转化为宋以来的儒禅互补结构。

所以，佛学在中华民族文化中的地位应当得到确认，其中深厚博大的文化财富需要加以发掘和提高。在今天，东西方两大文明体系的融合也进入了一个新的层次和高峰，社会的更新和发展，往往需要回到历史这个母亲的怀抱之中。历史的文化和传统，是发展的基石和乳汁，否则这个发展将是苍白的、空洞的和贫乏的。中国传统文化的又一个重要特点就是以“史”立国，这个“史”不是狭义上的、教科书上的历史概念，而是涵蕴着全部文化传统的整体性的概念。作为一个中国人，深知自己历史文化的伟大意义和力量，坚信其在整个人类文明中的崇高地位，能够栖息在这片文化沃土之中的中国人，无疑是一种荣幸。

一、心灵与世界的缩写本

——从 260 字的《般若心经》说起

般若波罗蜜多心经

唐三藏法师玄奘译

观自在菩萨，行深般若波罗蜜多时，照见五蕴皆空，度一切苦厄。舍利子：色不异空，空不异色；色即是空，空即是色；受想行识，亦复如是。舍利子，是诸法空相，不生不灭，不垢不净，不增不减。是故空中无色，无受、想、行、识。无眼、耳、鼻、舌、身、意，无色、声、香、味、触、法；无眼界，乃至无意识界；无无明，亦无无明尽；乃至无老死，亦无老死尽。无苦集灭道，无智亦无得，以无所得故。菩提萨埵，依般若波罗蜜多故，心无罣碍；无罣碍故，无有恐怖；远离颠倒梦想，究竟涅槃。三世诸佛，依般若波罗蜜多故，得阿耨多罗三藐三菩提。故知般若波罗蜜多，是大神咒，是大明咒，是无上咒，是无等等咒，能除一切苦，真实不虚。故说般若波罗蜜多咒，即说咒曰：揭谛揭谛，波罗揭谛，波罗僧揭谛，菩提萨婆诃！

佛教是以智慧立教的宗教，号称智慧之学。在浩瀚的佛教典籍中，对智慧的介绍和论说俯拾皆是。首先，佛的本义就是觉悟，是对人生宇宙真实及其真理的彻悟；菩萨的本义是觉有情——洞察明了一切生命——精神的内容及现象；阿罗汉的本义是杀烦恼贼——降伏精神和心灵中的种种烦恼和痛苦。

佛教认为，佛的觉悟和智慧是无边的，具足完满“一切智”、“一切种智”，表现在“成所作智”、“妙观察智”、“平等性智”和“大圆镜智”的一体和圆融。佛教经论中的“菩提”是佛的果位智慧，“般若”是佛导引众生成佛的、因位上的智慧。把智慧分为因位和果位，大概是佛教的一种创造，如老百姓是不知道朝廷的机密大事的，知道的只是有地位的皇帝和王公大臣。老百姓若要跻身上流，在古代中国则需熟读四书五经，经秀才、举人、进士的阶梯，再通过县、州、府、部的过程，没有这些因位上的积累，是不可能了解主宰天下大事的朝廷之密的——这是对智慧的因位和果位的一种不十分贴切的比喻。

佛法是佛对众生说的，目的是使众生解脱沉溺于人世的这个苦海，并得解脱而成佛。所以佛所说的法，必然是成佛的方法，这就是因位中的智慧——般若。

释迦牟尼佛28岁成道后，在其说法的49年中，曾召开过300多次说法的聚会，任何一次说法大会，其中心和主题都是般若。所以后来的佛教徒都说：佛一切时皆说般若，故般若是一切佛法的根本；无尽的佛法因般若而产生，所以般若是诸佛之母。

般若把众生沉迷痛苦的心灵引向彼岸，使之进入佛菩萨智慧光明的精神乐土——这一切都是在精神上产生，在精神上回转，在精神上腾跃，在精神上飞升。全部佛法，本身就是一大部从人间到极乐的精神现象学说——人生宇宙，精神物质，善善恶恶——从地狱说到人间，说到天人，说到诸佛菩萨—— 一切众生，即一切生命形态乃至精神形态无不囊括于其中。所以可以这样说，佛教是一部涉及各种层次、各种发展阶段的全部宇宙生命的精神现象学。在佛教《阿毗达摩论》（即《对法论》）中，曾有这么一段偈语，可以作为上面所介绍的总结。

无始时来界，一切法等依。
由此生诸趣，及涅槃证得。

全部佛法就被浓缩在这20个字之中，全部宇宙的、生命的精神现象也被浓缩在这20个字之中。佛教的学说，说繁琐，那数以万卷计的经论繁琐得令人摇头；说精练，如这20个字的偈语也精妙得令人咋舌。而佛教恰好在这繁简两种状态中运行，八万四千法门全是治疗精神疴疾之药，随人因病而取，喜繁得繁，喜简得简，因人而异，随缘而变。总之，全部佛法就在人的生命和精神中运行，人的思维能有多么复杂，佛法就有多么复杂；人的思维能有多么简要，佛法也就有多么简要。你若明白了自己精神及其大海一般内容的来龙去脉，明白了自己的“本来面目”，你就得到了佛所说的般若——智慧了。

(一) 眼耳鼻舌身意
——属于“我”的那一切及其他

《般若波罗蜜多心经》(以下简称《心经》)开句就是“观自在菩萨，行深般若波罗蜜多时”，观自在菩萨就是中国人熟悉的观世音菩萨。“自在”是精神、心灵乃至肉体得到自由和解脱的潇洒状态；“观”就是要人们学习、观照、实践这一大自在的精神状态。但这又如何下手呢？这就必须如《心经》中所说的“行深般若波罗蜜多”。“般若”是智慧义，“波罗蜜多”是到彼岸义，也就是得通过行甚深般若而达到彼岸的自在和解脱。般若就是般若，为什么叫“深般若”呢？因为区别于“广般若”。任何学问都有提高（深）和普及（广）两个方面的统一。如科学技术，一是基础科学，必须深入攻关；一是应用科学，使基础科学的成果推广应用于生产力之中，应用于社会生活之中。没有深般若来成就自己，就谈不上用广般若来“普度众生”了。

般若是有多种层次的，如分为五乘共教般若、三乘共教般若和大乘不共教般若。这是因众生、天人、罗汉、菩萨和佛的认识层次不同而分别设立的，如小学、中学、大学、研究生、博士生一样，各有各的层次和内容。

般若还是多方面的，如实相般若、方便般若、文字般若，如同本体论、方法论和认识论一样各有侧重。

上面那个20字的偈语对不通佛法的人来说如同天书，一时半会儿也说不清楚。260 个字的《心经》，则如佛法教科书的纲目，使局外人也能略知门径。熟悉和研究《心经》的人都知道《心经》有如下的层次：

一、以五蕴、六根六尘和十八界来说明人生宇宙的结构和框架模式。

二、以颠倒梦想、罣碍恐怖、苦厄等来说明人生的精神——心理的感觉与承受的因果关系，并纳入“四圣谛”的苦谛和集谛之中。

三、用色空对立统一的关系，突出佛法“缘起性空”，即以般若之理，为世俗人生指示解脱的途径，并纳入“四圣谛”的道谛中。

四、如法（般若）修行，达到主体精神——心理乃至生命的解脱和成就，并纳入“四圣谛”的灭谛（涅槃）之中。

对人生留心并有反省习惯的人常常会思考这样的问题：我到底是谁？人生的目的和意义是什么？

研究历史的人常常对历史发出疑问：什么是历史？人类社会的产生、发展和归宿究竟如何？人类社会中的善与恶交融，光明与黑暗并行的原因何在？

沉浸在哲学殿堂中的人也免不了有以下的困惑：世界的起因和终结是什么？生命来源于何处？精神来源于何处？宇宙、生命、精神三者的关系到底如何？

佛教不是哲学，更不是科学，佛教只是宗教。它独特的方法的确是与哲学和科学都不同，但似乎又总有点哲学和科学中意想不到的灵气——那是产生于 2500 年前古印度的一种深邃的目光。

五蕴、六根六尘、十八界的学说应该说是 2500 多年前的系统论和结构论，而且是解释生命——精神乃至宇宙的系统论和结构论。

若以佛教唯识学来细谈这个五蕴、六根六尘和十八界——这是印度从释迦牟尼、弥勒到无著、世亲，在中国从玄奘、窥基到梁启超、章太炎、欧阳竟无、太虚、熊十力等从佛菩萨到高僧学者们所致力的浩大思想体系。若从个人来讲，五蕴、六根六尘和十八界就是我们自己，就是我们的生命、精神和我们认识和正在认识的精神世界和物质世界。

印度佛学把我们这个精神和物质统一在一起的、有生命的肉体称之为五蕴身，就是色、受、想、行、识这五大因素集聚而成的五蕴身。

色是对物质世界的统称，佛教对色的定义是“质碍名色”。“质”有本质、性质和性能等多层含义。“碍”指对空间的占有性和封闭性及对他物的排斥性。我们的肉体是由氮、碳、氧等多种元素的有机蛋白组成的，包括我们的头脑、躯干、四肢及眼、耳、鼻、舌等感觉器官。组成我们有生命肉体的物质元素，就是来源于自然宇宙中无生命的物质元素，大自然是生命的温床和母体。大自然是大宇宙，而我们则是小宇宙。从庄子的“道在瓦甓”到禅师们的“无情说法”，都深刻地指出了物质和精神的这种统一性和不可分割性。

色蕴是五蕴学说中的物质部分，而受、想、行、识则是五蕴学说中的精神部分。佛教不是自然科学，它是宗教，而宗教的重心就是人的精神及精神现象。黑格尔在其《生命哲学》中说，生命就是不断把外在转化为内在，又把内在转化为外在的主体精神。“色”在受、想、行、识这个主观精神中起到了支撑的作用，同时又被受、想、行、识这个主观精神放到了从属的、次要的地位——现代的人有多少能因自己“受命于天”而感谢和尊重大自然呢？

“受”是感受，佛教对它的定义是“领纳名受”。

领是领取，纳是受纳，有感觉和储存两重含义。眼耳鼻舌身等感官活动为我们沟通了外部世界的信息，并储存于我们的心中——这是认识活动得以开展的第一前提，没有这一前提，精神自身也失去了依据。没有这一功能，就不是生命体，这也是对生命现象的根本判断。“受”什么呢？那就是眼耳鼻舌身这五种感官，分别去感受与它们相应的色、声、香（泛指一切气味）、味、触，也就是相应地产生了视觉、听觉、嗅觉、味觉和触觉，并储存于我们心中。

我们获得了外部的信息，并能使之储存起来供我们自由取用，这就是“想”。佛教对“想”所下的定义是“取像名想”，如同照相机照了照片，可以随时取来加印一样。这时的“想”已独立于眼耳鼻舌身之外，它没有眼耳鼻舌身的功能，却享用了眼耳鼻舌身的成果。当然，眼耳鼻舌身也没有“想”的功能，它们是各自为政，各自管理自己的阵地和疆域而不能相互介入。而“想”则打破了这个疆域，既可想色，又可以想声香味触等，也就是把感觉升华为表象。这在心理学中叫回忆、记忆。这是认识活动得以开展的第二前提。

但想的功能也是单一的、并列的，不能进行复杂的认识活动。但是它作为基础，才有“行”产生的可能性。“行”的别名叫“思”，思维的思，佛教对它下的定义是“造作名思”。造是发起和改造，作是作为，也就是“行”或“思”能对“想”中所出现的表象进行取舍和改造——这是进行判断和推论的基础，是认识活动得以开展的第三个前提。它能对单一的、并列的现象进行分析和综合，并寻出其中的因果关系，使人们能作出相应的反映，这已是一种高级的精神现象了，并且是意向和动机的起点。

但“行”或“思”的功能尚是片面的，狭隘的，其分析和综合的能力尚不能形成完整的系统。但有了这个基础和前提，五蕴中的“识”就可以大显身手了。佛教对“识”所下的定义是“了别名识”。了是明了、了达；别是分别、区别，也就是辨别。“识”的功能就比受、想、行复杂多了，它自身就有心、意、识三个不同层次。集起名心，就是佛教八识系统中的第八识——阿赖耶识；思量名意，就是八识系统中的第七识——末那识；了别名识，就是八识系统中的前六种识。第八识的功能，就是作为前面眼耳鼻舌身这五识乃至第六识和第七识的基础和依据，没有第八识的存在，前七识各自为政，就会使我们的生命和精神系统失调而发生紊乱。第七识是“我”的这种主观意念的策源地，是认识活动区别主观与客观的根本力量，并代替第八识在主观精神和认识中主宰和牵制眼耳鼻舌身和第六识的活动。没有第七识，前面六识的活动就失去了推动和发起的力量。

认识和理性活动的功能，主要表现在第六识上。了别名识——第六识因其杰出的能力而独享识蕴名誉的殊荣，第八识和第七识都让贤而不居其位。当然，眼耳鼻舌身都有识的功能，不然佛教这个八识也就不成其为八识了。眼识、耳识、鼻识、舌识、身识的认识功能是离不开第六识的，只有通过第六识的活动，才能把因前五识而引起的，经过受、想、行、思过程的那些内容得以组织，全面系统地进行分析综合和判断，并得出总体性的综合判断，以认识自己与外部环境的关系，进一步调整自己和外部环境的关系。以上是对五蕴的简单解释。

初看起来，五蕴的道理和心理学所谈的差不多。是的，认识的起点在人的认识领域内大多是一致的，不论其地域和人种上的差别。但认识一旦继续前进，差距就会拉大。色受想行识这五蕴的学说，在佛教的教理中，特别在佛教的修行中都有其特定的义趣而与世俗人生的认识有极大的区别，是现代心理学和认识论难以涵盖的，对于这点，在后面的章节中将作有关的介绍。

把五蕴的立义从另一个角度展开，就是六根六尘，也就是佛教所说的十二处。六根就是眼耳鼻舌身意这六根，叫六根处。六尘又名六境，分别为色声香味触法，叫六尘处。佛教对“处”有专门的定义：生长门义。生是初生，长是旧长，门是出生通法的处所，显示出十二处中的系统有机的关系。如六根是精神、认识及其内容的内在依据，而六尘则是其外在依据。其中眼耳鼻舌身这五根为色蕴，意这一根则包括了受想行识这四蕴。眼耳鼻舌身与色声香味触相应，而意则与法相应。这里的法，泛指与认识活动相对应的，能成为认识对象和内容的一切自然的、社会的乃至精神的现象、规律和本质等。

宇宙的本质是什么？用不着认识活动的展开，一个“色”字就可以作为本体宇宙的终极说明。精神的本质是什么？同样用不着认识活动的展开，一个“意”字就可以作为本体精神的终极说明。但认识又从不甘心停留在这个原始的“蒙昧”状态上，它要求清晰，要求进一步的说明。如果六根六尘尚不能解决其中的疑难，那么佛教又推出了它的十八界及其系统性的学说。

十八界是由眼识、耳识、鼻识、舌识、身识、意识这六识与六类根尘共同缘起形成的六类认识的世界，这就是眼界、色界和眼识界，耳界、声界和声识界，鼻界、香界和鼻识界，舌界、味界和舌识界，身界、触界和身识界，意界、法界和意识界。

由六根六尘和六识相结合而组合成的十八界，就是人们全部的精神及其内容。人们的认识活动无论如何开展，都是在这十八界内打转，永远也别想超越于其外。人类的客观与现实的存在就是如此，人类的认识活动、理智活动、情感活动、社会活动就是如此。尽管这六大类交织互融，可以无穷无尽地变化和组合，但仍然不能超越它们自身半步。

这是全部唯识学的基础，也是我们人生的基础，也是人类认识的基础。但佛教的唯识学浩繁艰深，使人视若畏途，但一个人若从自己身上着手，从自己认识上着手，那么唯识学的门径无疑是十分清晰的。

我们都有一个承受着我们生命和全部精神活动的物质的肉体，不论其胖瘦、高矮和美丑，也不论强弱、健残和老幼。在这个肉体上，有一双眼睛供我们与外部世界的视觉境象相沟通，认识外部世界众多的明暗、大小、美丑等有色彩、无色彩的物理与几何的空间物体；从山河大地到风花雪月，从日月星辰到鸟兽虫鱼。

在这个肉体上，有一双耳朵供我们与外部世界的听觉境象沟通——这是眼睛所不能观照的另一类世界，如风雨江河之声，鸟兽虫鱼之声；更重要的是人与人之间的信息与情感的交流，这在人类的社会生活中无疑与眼睛居于同等重要的地位。人类文明产生了文字，可以以眼代耳，这并不是眼识的殊荣，功劳是第六识的，只有第六意识才能周旋于前五识中，对各种信息进行处理。

世界是多维的，外部世界也以其不同的性能，以不同的层次展现出它们的存在，并与我们的感官感觉相契合——我们的感官感觉去与之相契合。人们除了能熟练地使用自己的眼耳外，面部上这个灵巧的鼻子，对我们的生存与认识也同样重要，它能使我们感受到眼耳所不能感知的世界。世界只有色泽而没有声音是死沉的、没有生气的，若没有气息则是乏味的，同样是没有生气的。大自然中若没有花草之香，人们的饮食中若没有那诱人的气息，则生活将大大失去光彩。另一方面，也是更为重要的方面，人们对自己所居住的环境也是极为挑剔的，要赏心悦意，除眼舒耳逸外，对气味的选择也极其重视。试想，在现代豪华的居室内，如果弥漫着浓厚的腐鼠气，或其他污秽之气，岂不大煞风景？如果在一户农家小院，城中寒舍，虽然没有铺锦裹绣，但却有阵阵芝兰之香，就会给人带来一种舒逸和雅致的情调。眼耳对人的生存保护作用是明显的，能够敏锐地辨别危险的信息，但也有其盲区。如果没有这个同样敏锐的鼻子，仅凭眼耳是避不开那些隐蔽的、污秽的、极不卫生的环境，人的健康与生存就会处于危险之中。在美学意义上，一个人失去了眼耳，不会在美感上给人多大的遗憾，如果失去了鼻子——也许这个鼻子并不美，那就十分地令人遗憾了。

一日三餐是人们得以生存，并投入工作和生活的最基本的需要，鼻的功能还在于调节人们对饮食结构的取舍，并与舌头一起，本能地区分可食和不可食的东西。人的舌头，除了发音用于人与人之间的语言与情感的交流外，其根本和原初的自然属性，就是主管人们赖以生存的食物了。一是帮助对食物的吞咽，更主要的性能则是对味的辨别。这是直接用舌头所感触的滋味，不同于鼻所嗅到的弥散在空间中的气息。从酸甜苦麻辣的简单品味到鲜美可口及恶心难咽等复杂味觉感受都是舌识的世界。

中国是饮食文化的大国，京、苏、川、粤四大菜系是中国饮食文化的骄傲，而这个“大”，这个骄傲，就建立在中国人的舌头上。古人说过“饮食男女”、“食色，性也”的话，饮食的重要性同时证明了舌头的重要性。有人敢于“拼死吃河豚”，可见味觉享受对人的诱惑力。

还有身体的触觉，我们的身体，包括头部、躯干、四肢和内脏器官，都有触觉的功能（躯干和四肢还有负载我们肉体活动、运动、劳动等多种功能）。如冷暖、软硬、粗细、钝锐、痛感、快感、饥饿饱胀感、大小便急时的急不可待感、健康人的强壮感、生病时的疲软和痛苦感等等。

意识也有它独特的感觉，除了对前面五识产生自觉的感受外，还有总体性的，如舒适感、幸福感、快乐感，及相反的劳累感、痛苦感、忧虑恐怖感等——这是人类进行社会意识活动的心理感受。

我们的生命，在这些感觉中运动；我们的认识，在这些感觉中开展。人类的追求，人类的实践活动，也是这些感觉的延伸。没有这些原动力，生命和精神都会是麻木和僵化的。

同时我们应当看到，五蕴、六根六尘和十八界并非人类所独自拥有，人类之外的其他生命族类都有自己相应的这种生命和精神的结构。有些生命族类，其精神状态和结构对人类的认识来说还是陌生的地带，如植物、微生物等。但仍然有零星的科学报告证明，植物、微生物等也有其精神活动。但动物，特别是一些高级动物（未必全是哺乳类、灵长目）的感知功能当然属于精神活动乃至认识活动，各有其特殊的发挥。如猫、鹰的视力，猪、狗的嗅觉力，海豚、鲸鱼、蝙蝠的听觉力，蛇类的舌嗅力等。各类动物的身体也各有所长，如鹿、马善于奔跑，鹰、燕善于飞翔，箭鱼、旗鱼善于游泳，老鼠、蚂蚁善钻地下迷宫等。而软体动物如章鱼之类，简直遍身都是感觉，全身都是武器，其智力也是令人惊叹的。各类生物各有各的所长与它们自己的环境相协调，相适应，从而得以生存和繁衍。现代仿生学和仿生科技就是以这些生物为师，从它们巧夺天工的特殊功能和构造中去弥补和优化人类的感官功能，激发人类的认识灵性，从而使人类获得一些自己原来并不具备的能力和手段。

人类区别于其他生物的最显著特点是人具有高级的、严密的理智活动，并能将文化的信息积累和流传于人类社会和历史的进程中。不能说人类以外的其他生命种类没有理智活动，生命的存在与繁衍，本身就是一种超越自然和环境的理智行为，相对于人类而言，其他物种的“灵气”显得过于单一和微弱。现代动物学家，特别是那些参与生态环境保护的、热爱和尊重其他生命的、并与之进行情感交流的动物心理学家，他们的研究成果表明，许多动物都有高低不等的智力活动。大象、狗、马、海豚和灵长类动物的智力是人们较为熟悉的，许多昆虫，如蜜蜂、蚂蚁类，不仅有相当高的智能，而且有强烈的社会意识和高度的组织能力。

六根、六尘与六识共同组成的这十八界，是对生命与环境统一的最好说明。任何一种自然生命体，都是与其环境合为一体的，其根、尘、识三者的关系密不可分，也就是它们的生存能力、生命形态和结构能和谐地与其环境相融合、相适应，既不过分，也不欠少，足以保障它们在环境中生存和繁衍，除非遭到人类社会行为的粗暴和愚昧的干预。

佛教认为众生平等，用现代生态学、生命学的观点来看，无疑是正确的。在人类现有的视野内，至少在太阳系内，只有地球上才存在着生命。从宇宙范围来看，从生命发展史的角度来看，地球上的一切生命，不论是动物、植物还是微生物，其意义是平等的。它们与人类的关系是互为兄弟姐妹，是生机盎然的地球生命的不可分割的整体。系统生态学认为，个体生命物离开了群体就意味着死亡；单一的生命类群离开了生态网就意味着灭绝。这不仅是生命科学、生态科学上的意义，也是生命伦理学上的意义，并将成为下一世纪人类文明的主要课题。

（二）烦恼的人类和人类的烦恼
——以苦惑为人生本质的佛教心理观

佛教是涉及人类全部精神和心理的、实践性的宗教和学说。一方面，它大讲世俗人生受污染的精神形态和心理状态，并用一个“苦”字作了总结。佛教四圣谛中的苦、集二谛对此进行了细密的论证。另一方面，佛教讲得更多的还是修行过程中——心灵的纯净和升华过程中的精神形态和心理状态，可以用禅悦或空来作为总结。佛教四圣谛中的灭、道二谛对此也作了细密的论证。

在《心经》中提到了“苦厄”、“颠倒梦想”、“罣碍恐怖”、“一切苦”等人的心理状态；也提到了从“无明”到“老死”的生命流转的十二缘起，还提到了佛教的全部真理，即苦集灭道“四圣谛”。这些在《心经》中仅是点到为止的东西，其内涵一旦打开，人类精神和心理的情态就一览无余了。

首先，佛教对人类社会所下的定义是“五浊恶世”。“五浊恶世”是梵语“娑婆世界”的意译，指全部“欲界”，包括了地狱、饿鬼、畜生、人、修罗、天人这“六趣”，也就是处在“六道轮回”中的那些众生。有哪五浊呢？这就是劫浊、众生结集浊、命浊、烦恼浊、见浊。

劫浊指的是“依报”于娑婆世界的众生处于长期的、历史性的动荡不安之中，大同至世可望而不可即，战乱、灾疫等破坏此起彼伏，众生不得安宁。人类文明的发展，总是在光明与黑暗的交织状态中进行，每前进一步，都是踏着花丛和血腥。但享受人类文明成果的总是占人口极少数的那些“上层社会”分子，下层劳动大众，包括众多寒酸的知识分子，是难以享受这些成果——特别是物质文明的成果。

黑格尔说过，恶是推动人类历史发展的杠杆。从整个人类发展史来看，古埃及文明灭绝了，古巴比伦和玛雅人的文明灭绝了。这些惨痛的灭绝，并非有什么意外，其原因就在于人类自身。从古希腊、古罗马的连年征战到十字军东征；从法国大革命到两次世界大战；在今天，波黑、索马里和卢旺达的内战和难民潮……翻开世界史一看，人类就没有太平过一天。

就中国而言，从三皇五帝的征伐到春秋战国的“无义战”，从秦汉帝国的崩溃到三国两晋南北朝的屠杀，从隋唐五代的文化大残破到晚清民国时的列强欺凌。孔夫子所描绘的，老百姓所幻想的大同世界、太平盛世永远是那样的遥远。古今中外的历史，似乎都在有声有色有泪地证明着佛教所痛心疾首的这个“劫浊”。

再说众生结集浊，这是指人与人之间不净的关系，相聚在一起必然产生利害、矛盾和是非。《周易》说“方以类聚，物以群分”，社会本身就是人类的大结集。在整个人类社会中，大的有民族、种族、国家；小的有社团和或明或暗的帮会——旧中国有青红帮、哥老会等数不清的或义或暴的绿林山寨；西方社会也有黑手党、暴力团等数不清的或义或暴的黑社会。与此相联系，好的叫“劫富济贫”、“替天行道”，孬的就与走私、贩毒、卖淫、恐怖等有说不清的关系。再小再弱一点的众生结集，就是指个人、家庭、单位间的扯皮斗殴、官司诉讼等。结集就难免有争斗，合法的叫竞争，非法的就只有深通此道的才说得清楚了。所有这些，造成了社会的动荡不安，许多灾难性的社会恶果就是因此而触发的，这是形成“劫浊”的“共业”所在。

第三是命浊。以佛教的标准来看，人类居于欲界、色界、无色界这“三界”的欲界之中——有欲故不净，所以人类这一众生的命根大多“浊乱”——圣贤们在未到佛菩萨的地位时尚且不能彻底洁净，何况常人。命浊有两重含义，一是指维持生命的手段和方法不洁不净，这是现在因。小的如欺哄讹诈到偷盗抢掠；大的从非法的走私贩毒、偷税漏税到各种“合法”的、隐蔽的贪赃枉法。归根到底，都是私欲膨胀、铤而走险、不守法度、伤生害命等等。第二是指其身体和命运而言，佛教认为这是果，可以分为“现在果”和“未来果”。果即果报，这与前面的因有直接或间接的因果关系。间接的如前世因得今世果，如身体残陋、命运蹇颓、生计艰难等。直接果即损人者人必损之，害人终害己。命根不净、贪婪凶残的人或许能得逞于一时，但终无长久的安稳。善有善报、恶有恶报，这是一般中国人长期受佛教因果说教熏习下所得到的常识。这样的人，或恐惧于暗室，或伤残于争斗，或枷锁于监狱，或毙命于刑律。他们虽然自作自受，但对众多守分守法的小老百姓来说，对社会的稳定来说，无疑是不安定的因素，这是造成众生结集浊的原因和基础。

第四是烦恼浊。佛教认为，烦恼是生死苦海的根本因，是先天含藏与后天熏染的结合体，并与见浊一起狼狈为奸、同流合污而造成命浊、众生结集浊和劫浊。佛教唯识学认为，烦恼的根本依据在于第七末那识，也就是“我”的这个有形或无形的主观观念。这个“我”把自己和世界分割开来，从而使自己陷入了孤立。但“我”并不甘心于孤立，时时刻刻都在想重新与世界合为一体。但这不是小我与大我自然的、本原的融合，而是从小我出发，使用手段对世界的占有，这就是贪；贪而不得，故有嗔；沉迷于贪，故有痴；唯我独尊，故有慢；四顾彷徨，患得患失，故有疑。这贪嗔痴慢疑被佛教称为是根本烦恼，五者交融互用，在不同的利害得失、荣辱是非的环境中，就变成了光怪陆离难以揣测的各种各样的心理状态和心理现象。俗话说“江山易改，本性难移”。烦恼是以第七识为根，第六识——人的理性认识对它往往无可奈何，并常常处于受其奴役的状态，于是就形成了见浊。

见浊在五浊中最为危险，因为是“化了妆”，经过打扮，并装上了翅膀的烦恼浊。见在佛教里泛指世间知识和理论，也指一般的所谓“见解”。以佛教的观点来看，世间道或世间法中，除少许崇高的圣人言教外，大多数知识理论都是受到烦恼浊污染的、不洁净的。借用中国古人的话来说，这些见浊就是“增悲导怨”、“纵欲败度”。那些蛊惑人心、败坏风俗、恶化人欲、诽谤正法——包括佛法、王法及世间圣贤言教的知识和理论都可以称为见浊。见浊必然造成人心的混乱，使人们步入歧途，进而引起社会的不安和动乱。因为见浊不同于一般的、显而易见的那些烦恼，它是通过修饰的、美化的，又带有理论性和权威性，所以对社会的危害就特别严重。见浊与烦恼浊结合在一起，如风助火，如火借风，其势就难以遏制了。从佛教修行的角度看，见浊为烦恼浊穿上了盔甲，送上戈矛，能攻能守，要除掉烦恼就相当困难了。

见浊在佛教里称为现熏烦恼，即后天在社会生活中熏习而成的烦恼。与前面那五种根本烦恼——俱生烦恼相对应。现熏烦恼也分为五种：一是身见，来源于对自我身体的执著，万事以我为主，以我为中心，以我为准绳——这是人的客观认识现象，也是自然而然的，所以又叫“我见”。各人的性格、气质甚至嗜好不同，都可以形成各种各样、五花八门的“我见”。二是边见，即偏见，指狭隘偏激、固执一隅、不知全局、不达变通的那些观点和认识，如瞎子摸象一样，相互争吵不休。边见一是因其执著愚痴而引起“秀才遇着兵，有理说不清”；一是因其执著贪欲而引起——可以文过饰非，使贪欲合理合法。三是邪见，与真理相对立，邪恶的认识及其理论，在佛教中又指那些不信正法、不信因果、诽谤圣贤、破坏善事的知识和认识。四是禁见，指同为佛法和人类社会公理公法所禁止的危险的认识及其理论。有些认识和理论违反人间正道，破坏人类伦常，妖言惑众，对社会有直接的破坏性、腐蚀性，所以为世间王法所不容而遭查禁。对佛教而言，那些破坏正见、干扰修持、为佛法所禁的知识或理论也称为禁见。五是见见，又叫见取见。见见就是以各种邪见为见，以不正见为见，泛指一切不善的、非真理的理论系统。在见浊的这五种烦恼见中，身、边、邪、禁四见一般已成为过街老鼠，难以形成太大的危害，唯有见见，一般人是不易察觉其非的，甚至还可以横行一时，如希特勒的法西斯理论，在当时不是也蒙蔽和鼓动了不少的人吗？

在这五浊积聚的世俗社会中，在见浊和烦恼浊充斥的人生历程中，人们精神和心理所感受、所承受的是“苦”就不足为怪了。

佛教对人生之苦讲述极多，如二苦——内苦和外苦。内苦包括了生理和心理上的种种痛苦，外苦则包括了自然的和社会人为所带来的种种不测和灾祸。在二苦的基础上还有三苦、四苦、五苦、八苦、一百一十种苦等无数苦。中国佛教中最常讲的是八苦，分别为：

一、生苦。佛教认为人及众生都是处在六道轮回之中，当人从上一世进入这一世，必先受胎，在母腹中昏天黑地，如水牢一般。加之形体脆弱，六根六识尚在发育，毫无自由可言。母亲的喜怒哀乐、冷暖饥渴都会使之痛苦，生时落地，触身即痛。出生后更是众苦不断，更有老、病、死等自然之苦难以避免。

二、老苦。人至老年，身体衰退，五官失灵，四肢不便，牙齿脱落，因而衣食住行种种不便。且神昏意滞，青春壮年风采荡然无存，无能无依，又直接面对死亡，其苦可知。

三、病苦。分为身病与心病两种。身病是身体头部躯干四肢五脏六腑之病痛伤残，因而成为工作和生活的障碍，不仅身体受苦，也给精神带来痛苦。心病是七情内伤，六欲煎熬，心志闭塞，情绪难开，苦不堪言。

四、死苦。一是自然死亡，人生无常，生命有尽，因老因病，由不得自己半点主张，面临死亡这一陌生的未来，这种痛苦可以说变成了恐惧。还有非自然死亡，一般指凶死，如受极刑，如死于凶杀、自杀，这是人为的；还有非人为的，如雷劈火烧、坠崖坠楼、撞车触电、误食药毒等。非自然死亡所带来的恐怖，则又远大于自然死亡。

五、怨憎会苦。不是冤家不聚头，人们都有亲亲恶恶的习性，对仇怨憎恶之人，避之唯恐不及，但偏偏又聚在一起，其苦滋味可知。如反目成仇、又离不了婚的夫妻，分不了家的兄弟姐妹和必须共事的冤家对头等。

六、爱离别苦。与怨憎会苦恰好相反，“多情自古伤离别”，自己的相好、情人、夫妻、父子、朋友、同事原本情深谊长，偏偏老天不作美，要各奔东西，甚至生离死别，进而造成孤独、苦寂等种种伤心之苦。

七、求不得苦。贪欲是人的根本烦恼，其大者有理想、追求，小者有嗜好、性情，但往往事与愿违，得非所求。欲望浅的痛苦浅，欲望深重的痛苦也深重。

八、五蕴熬煎苦。一切痛苦都是由人身——人生这个色受想行识五蕴所承受而不能转移的。前面那七种苦，归根结底分精神和肉体这两大类，精神则更是最终的承受者。反过来，因为有了这个五蕴身，就必然在生命——生活过程中产生和承受这七种苦。

依据佛教十二缘起和轮回的学说，以上这八苦还仅仅为一世之苦，即现在世的苦。现在世之前为过去世，现在世之后为未来世，是谓三世，三世皆苦。这样一来，这个苦就被放置在无穷的时间和空间之中，变成无限和无穷了。我们前面看到的那个《阿毗达摩论》的偈语，前三句“无始时来界，一切法等依，由此生诸趣”正是对这个苦的一种说明，也就是十二缘起。

十二缘起就是“四谛法”中的集谛。“集”是集合的集，人生宇宙的一切现象，都是因缘组合而成的。苦谛是人生之果，而集谛则是因。这个集谛，集合的是什么呢？就是集聚上面所谈到的那些烦恼。佛教讲“业力不灭”，那些烦恼及其行为并不会因时间和空间的变化而消失，它仍然积聚在我们这个五蕴身内，其反复展开就形成了十二缘起。

十二缘起是佛教论证生命流转的重要理论，是佛教所特有的理论系统之一，其公式如下：

> 无明缘行，行缘识，识缘名色，名色缘六入，六入缘触，触缘受，受缘爱，爱缘取，取缘有，有缘生，生缘老死。

无明，通俗说来就是指愚昧无知。佛教认为，不懂四谛法和般若学说的人，不论世间才智有多高，仍然是处于无明之中。无明指第六识的被污染状态，因其处于第七识的禁锢之中而不得智慧光明。因认识的失误，造成行为的失误，再加上业力不灭，十二缘起就如车轮一样转动不息了。

业力不灭是佛教的一个根本定律。在自然科学中，物质不灭和能量不灭这两大定律可以说是自然科学的支柱，没有这两大支柱，科学的殿堂就会崩溃。而业力不灭则是佛教生命学说的两大支柱之一（另一支柱是“业感缘起”）。业是指生命的、精神的活动和行为。如果这个业是虚幻不实的，没有延续性的，那么过去就不会延伸到今天，人类文明也谈不上积累。没有业力不灭这个原则，人们就不可能感知、记忆和回忆，更谈不上发明和创造。人们受想行识这四大功能，就建立在这个基础之上。这个业力，与物质和能量一样，可以从一种形态转变为另一种形态，或寄寓于其他形态之中，并因“业感缘起”之故，运转为十二缘起，就建构为过去、现在、未来这样一条生命的环链。十二缘起的次第关系如下：

无明缘行：佛教认为，人和一切众生，因为没有见到真理——万法皆空的道理，而有种种贪欲和执著。行就是世俗的行为活动，这些世俗的行为活动因无明而起，其后果是可想而知的。

行缘识：识指人的精神主体，在十二缘起中也指投胎转世时生命的一种超自然状态。行缘识就是因业力不灭，前世的“行”不自觉地使自己的那个超自然的生命载体向相应的，因业感而缘起的环境（父母）受胎投生。

识缘名色：名指精神或心，色指生命的物质结构。“名色”合称在十二缘起中就是指处于母体中的有精神有生命的胎儿。这里，无明、行和识都重新聚积在母胎之中。

名色缘六入：六入即六根，即眼耳鼻舌身意。名色缘六入，指混沌的无明、行、识和名色得母体养育，发育出不同的认识器官——这就是十月怀胎的过程。

六入缘触：触指对外在环境的感触。胎儿诞生后，其眼耳鼻舌身意这六根与色声香味触法这六尘接触交流，并终其一生都处在这种根尘交融的状态中。

触缘受：受指感受、接受和储存。即六根六尘交融所得的信息感受和储存，这是业力不灭的重要论证。

受缘爱：爱泛指贪欲、追求等。因有主观的感受，必然会产生对外部事物的种种贪爱和追求。

爱缘取：取指对所贪爱和追求的对象产生的行为——现在的业行活动。

取缘有：有指业，即业力活动由动态转为静态，因业力不灭而把种种发生过的业行转化为凝固的信息状态，并储藏在第八识——人们的生命之中。

有缘生：生指来世之生，由于前面的种种业行活动的积累和储存，产生相应的果报，从而导致来世的再生。

生缘老死：从生至死是一切生命的必然状态，是谁也避免不了的客观规律。

这十二缘起，由于业力不灭的缘故，辗转感果，所以称之为因；它们之间又互为条件，所以又称之为缘——十二缘起又称为十二因缘。这十二缘起，深刻地说明了众生生死流转这个生命流动的动态形象及其因果关系。佛教认为，任何有情有识的生命体，在没有修持佛法得到解脱之前，这条生命的因果链是不可超越的。

佛教依据业力不灭、业感缘起这个十二缘起作为基础，也根据深入禅定，达到超意识状态所观察的结果，向人们介绍了世界生命的层次和结构，即三界、六道轮回这一总体性的宇宙生命——精神之网。三界即欲界、色界和无色界，六道即地狱、饿鬼、畜生、人、修罗、天人。六道的差别在于善恶的业行和业报；色界、无色界高居于欲界天之上，有十七层色界天和四层无色界天，都是须修持甚深的四禅八定才能进入。四禅是色界的四种禅定，八定是色界四定再加无色界的四无色定。以四无色定来看，修“空无边定”进入“空无边天”，修“识无边定”进入“识无边天”，修“无所有定”进入“无所有天”，修“非想非非想定”进入“非想非非想天”。一切都“唯识所变”，一切都与自己的主观精神相契合。浩瀚的佛法，全都离不开人们的意识活动，人们的善恶行为导致其善恶不同的果报。

色界和无色界离我们太远了，也与人们的现实生活没有多大的关系，何况佛教对它们也未必推崇。对我们生死有密切关系的是六道轮回，变人变天人当然令人接受，但变为畜生，或坠落在幽冥世界成为孤魂野鬼、饿鬼，或被打入地狱，那就苦不堪言了。

佛教认为世间苦是根本苦、决定苦，并不是看不见世间行光明的一面。但人生之乐，种种幸福和舒适都是虚幻和不实的，是空。人们不可能不修佛法而得到永恒的精神幸福，许多人是“身在福中不知福”，而痛苦则是任何人都会敏感、强烈地感受到它的存在，而与幸福的那种薄弱感受形成鲜明的对照。何况幸福的感受几乎立刻会转化为贪欲——更多的占有，这样就必然成为痛苦的源泉。

佛教对人生是苦归结为苦谛，并在“四法印”的“有漏皆苦”中加以确认——这是众生的实际存在。在《心经》中还有“罣碍”、“恐怖”和“颠倒梦想”这些不同层次的心理现象。下面分别略作解释。

佛教把罣碍分为五种：一是对物质生活的罣碍，二是对情欲的罣碍，三是对名誉的罣碍，四是对地位的罣碍，五是泛指一切精神生活的罣碍。这五种罣碍，实际上就是现代心理学中所讲的人们的那些动机和需要。佛教因这些属于贪欲不净的范畴，故称之为罣碍。

佛教把恐怖也大致列为五种：一是造诸恶业而带来的恐怖；二是受诸痛苦而带来的恐怖；三是对失势的恐怖——这是特指那些有权有势的人的一种心理障碍；四是对讼事官司的恐怖——老百姓怕见官，作奸犯科的人则更怕见官，这是中国人常见的心理障碍；五是对死亡的恐怖。这五种恐怖，实际上是罣碍和苦的极端心理效应，其根源在于人们的烦恼浊和见浊。心地清净善良的人们，奉公守法的人们，也有一般的精神罣碍和生活之苦，但恐怖对他们而言，则相对要轻得多。对恐怖敏感的人，往往是缺德事、罪恶事做得太多的人。所谓上有天理，下有王法，天网恢恢，疏而不漏，恶贯满盈的人，逃得了恐怖吗？

什么是颠倒梦想呢？颠倒就是颠倒见、不正见，前面见浊中所谈到的现熏五种烦恼就是颠倒见。没有修持佛法的人，没有具备佛法正知正见和世间圣贤正知正见的人，则免不了从生至死都浸泡在颠倒见之中，使自己的精神和行为反复污染，带来难以摆脱的困苦。

人们在颠倒见的支配下，在欲贪烦恼的带动下，就会产生种种违背现实的梦想。梦想当然是不真实的，没有依据的，不能实现的，而且是非分的。小的方面，不外酒色财气；大的方面，则是称王称霸，甚至成仙成佛。

这只是就《心经》中涉及的一些精神心理状态方面所作的略说，在后面的章节中，还要就精神、心理、认识等许多功能作进一步的介绍，但仅这一些，也可以看到《心经》的分量。

（三）般若中观的心理效应和佛教的自我否定再生法
——从色不异空到空中无色，从四圣谛到无苦集灭道

佛教教理由有为法和无为法两大部分组成，有为法表现了世俗人生的精神形态，而无为法则体现了出世间的佛菩萨们的精神状态，般若中观的学说，则是架通有为法和无为法的桥梁。

《心经》中讲到了苦、罣碍、颠倒梦想、十二缘起这些四圣谛的“苦、集”二谛，当然也讲到了解脱于苦的“灭、道”二谛，其方法就是般若。般若学在印度曾形成了一个庞大的学派，其代表人物就是龙树和他的代表作《中论》。因为龙树和他的《中论》对印度大乘佛学乃至中国佛学的影响太大了，所以人们又把般若学称为中观学。

《心经》虽然讲到了色受想行识这五蕴，也讲到了六根六尘十八界这一类唯识学中的基础框架，但其主旨则在于般若——空观。“色不异空，空不异色；色即是空，空即是色；受想行识，亦复如是。”这是以般若的空观融通了五蕴的教义。进一步在“空中无色，无受想行识”这一段中又否定了五蕴的教义。《心经》用同样的逻辑和方法，还融通和否定了六根六尘十八界，融通和否定了十二缘起，最后用“无苦集灭道”，连佛教的根本——四圣谛也一概加以否定。对于这个否定，一般熟悉佛教、信奉四谛法的人很不理解，但《心经》又是那样的权威，这就使人产生了困惑。

其实这种否定，就来源于四圣谛中的道谛，道谛的核心就是般若，

般若的实质就是“空”。

善于观察的人们不难发现，不论是大自然还是人类社会中的那些具体的事物，都是处在运动和变化之中。在一定的条件下，某些事物产生了，某些事物消灭了。任何事物，总是在一定的条件下产生、发展、衰弱、消亡，从一种形态转化为另一种形态。世界上没有孤立的、不变的、单一的、永恒的事物，这是古今中外一切科学和哲学的定论。运动是变化的、永恒的，佛教对此有自己特殊的认识，这就是空。我们这个肉体的五蕴色身，在父母生下之前并不存在；百年作古之后，依然不复存在。活着的人，特别是那些有力量、自我感觉强烈的人，谁会甘心接受这一事实呢？人们对“我”的那种贪恋和执著是超越一切的，一切都可以无所谓，但“我”却是实在的、最终的、最根本的存在，是“我”的一切的依据。但大自然的岁月对此却毫不理睬，它赋予了你值得骄傲的一切，又毫不留情地把这一切收了回去。秦皇汉武主宰当时的中国及其周围广阔的区域时，真有吞并宇宙、气势如虹的感受，但他们的心最终还是不踏实，于是尽其所能，寻仙觅药，以求长生。中国的历代帝王谁不愿其江山万载，皇图永固呢？但日月运行而不息，江山代有其主。不论中国史、世界史，没有谁能在其中占有过多的篇幅，更不用说全部的篇幅了。朝代在变，疆域在变，昔日的“日不落”，如今无可奈何地退缩在英伦三岛之上——整个地球的面目尚非百年之前，何况短短的人生。

佛教认为，人们对人生感受是苦的根本原因在于对“我”的执著。中国的老子也说过：“吾所以有大患者，为吾有身，及吾无身，吾有何患？”正是因为执著于这个“我”毫不松手，才有是非矛盾、荣辱得失这类现象的产生，也才有“喜怒哀乐忧恐惊”这类心理感受。要解脱于苦，就得去其苦根，去掉对“我”的这种贪执。但对一般人而言，酒色财气尚不忍释手，何况这个息息相随、“我”之所以为我的这个根本存在呢？

一般人讲色空的关系停留在哲学上、思辨上，但般若中观学如《心经》却要你从这上面更进一步，从“受想行识”去感受和体会与“空”

的种种关系。不仅要在六根六尘上去与空联系，而且还要用眼界，乃至意识界去与空联系。要细细地体会，咀嚼空与我们肉体、生命、情感、理性到底是怎么一回事。这就是空观—— 一种不同于世俗人生的精神——心理感受状态和认识状态。

佛教认为空存在于万物万事之中，所以是“色不异空，空不异色；色即是空，空即是色；受想行识，亦复如是”。但佛教进一步认为空是超越于万事万物的一种绝对的存在——非存在，所以是“不生不灭，不垢不净，不增不减”的。在这样的绝对存在——非存在中，当然就“是故空中无色，无受想行识”了。推而广之，就有“无眼耳鼻色身意”乃至“无苦集灭道”，最后“无智亦无得”，因为空的终极意义本身就是“以无所得故”。最后就能“远离颠倒梦想，究竟涅槃”了。

要进入佛教的这种空观——精神心理的这种感受状态和认识状态是不容易的，因为人生的实质，人生的价值观念、情感和思维方法毕竟是世俗的，离开了“我”和“我所有”，人生还有什么积极的意义呢？——佛教恰恰说所以这就是“苦海无边”了。佛教对世俗人生的鞭挞是毫不留情的，但却又是慈悲的，于是才苦口婆心地、孜孜不倦地向人们宣扬这个般若空观的道理，尽一切可能导其步入其中的境界，享受其中的乐趣，以超越尘世这一苦海。“弃我去者，昨日之日不可留；乱我心者，今日之日多烦忧”，人们有什么理由留恋于尘世，不进入佛所描绘的“极乐”之土呢？于是佛教就向人们讲示了它的道谛——以般若为纲的三十七道品。

道谛的道，指的是道路和方法，也就是指导解脱于痛苦、取得涅槃的方法和路径。释迦牟尼佛最初说法时只有八正道，后来佛教继续发展，又增加了四念处、四正断、四神足、五根、五力、七觉支，共七项三十七条方法，合称为七科三十七道品。这三十七道品涵盖了整个人的精神和生活，使修行的人处于完全不同于世俗价值观念和生活观念的精神状态之中。他们起心动念，所作所为，常常与社会意识形态不同，与人们习以为常的思维习惯不同，与人的自然趋向性不同。这种修行方法后来被引申到佛教精细严密的戒律中；在大乘瑜伽学中，更扩展为资粮道、加行道、见道、修道和究竟道这五种进程，时间从一世百年延伸到百千万亿世这样的超天文计数。

不论道谛有多么的复杂，其核心和路径仍然是般若，修行者只要有牢固的般若信念和观照能力，把它应用在精神和生活的一切领域和各个角落，那么就会与三十七道品相应，也会使自己从资粮道快速地达到究竟道。归根结底，最终从世俗的苦海中得到解脱，也就是使人们的世俗精神状态升华为佛菩萨们的精神状态。

《心经》从色开始，以空为纲，对人生和宇宙进行多层次的否定和扬弃，是道谛的内在力量，没有这个内在力量，三十七道品乃至"资粮道"到"究竟道"这个系统就建立不起来。这个内在力量仍然是人们精神中的一种积极的因素和存在，说穿了，还是人类的那个理性认识，只不过要对它加以确认，并使它摆脱其他的干扰和束缚以强化它的地位和力量，并依靠这个力量，完成道谛所指出的那些艰巨而又漫长的道路——这可是"一切众生皆有佛性，皆可成佛"的依据，没有这个依据，佛教这一响亮的吸引亿万群众的宗教口号就失去了现实意义。

客观而又实在的物质世界、生命世界和精神世界，组成了人们的认识。人们依据自己的感官，对外界的山河大地、鸟兽虫鱼、草木花果产生感觉和认识。这一切是那么的实在，那么的亲切，是"有"。而人们的感官、思维和情感，也是那么的实在，那么的亲切，也是"有"。笛卡儿说"我思故我在"，主观的和客观的都是实实在在的，为什么《心经》和整个佛教却视而不见，大谈其空呢?《心经》明明看到了有眼耳鼻舌身意，也看到了色声香味触法，为何还要一再强调这个空呢?不用说现代一般有科学常识的人难以接受，古代不少僧人对此也曾大惑不解。唐代洞山禅师青年时反复学习《心经》，有一次他把自己脸一摸，不知怎的就疑惑了，他说："我明明有眼耳鼻舌嘛，《心经》怎么会说是无呢?"抱着这样的疑问，他离开了自己的寺庙外出参学，终于在以后明白了、开悟了，成了曹洞宗的开山祖师。

空在佛学里有三层含义：一是缘起空，二是自性空，三是当体空。缘起空的道理一般人容易接受，"物从因缘，故不有；缘起，故不无"。

事物总是相对的，一面是有，另一面就是空（无），既对立，又统一，事物的运动和变化正好说明了这一点。自性空在缘起空的基础上进了一层，自性空认为，空性是绝对的，随缘而起的有是相对的，因而在空性中，有是不存在的。如果自性空中有了有，那这个空性就不空了，缘起因为失去了这个空就不起作用了。所以只有在自性空中，才能缘起，才有运动和变化展开的可能性。而当体空则是认识的主观空性，没有这个主观的空性，就不会产生受想行识这种多方面、多层次的认识活动。

以色空的关系而言，色与空是对立的，一方面是有，一方面是空；色依空而有，空依色而空，但这只是认识中的表层现象和内容。佛教认为，生命、精神、认识的结构与宇宙、世界的结构一样，是多层次的，仅仅色受想行识这五蕴，就有五种层次不同、相互区别的世界。而六根、六尘、六识这十八界则又可以分为六类十八种不同层次、相互区别的世界——眼所感受的世界毕竟不同于耳所感受的世界，更不同于心灵所感受、所涉足的世界。但世界在实质上只有一个，不论是五蕴分别得到的不同世界也好，还是十八界所区分的不同世界也好，归根结底还是一个世界，而不应是五个或十八个。人们的生命、精神是一，也不应该是五个或十八个，也不应被分割于十二缘起之中或四谛法之中。《心经》分别对五蕴、十八界、十二缘起、四谛法作了否定，一方面是依据绝对的空性观照，另一方面则是站在“阿耨多罗三藐三菩提”——无上正等正觉的高度，从人生宇宙的整体法相——“一合相”来论证的。无论“五蕴”或“六识”，如不从整体认识着手而各自为政，各个执著于自己的认识而不空，那就会产生瞎子摸象、各执一隅的令认识无所适从的后果。在这个意义上，不把它们空掉，不分别对它们进行否定也是不行的。

当然，人的认识从来也并不因为五蕴六识的不同而把世界分为五个、六个或十八个相互隔离、互不相干的部分。人的认识总是自觉地把这些相互隔离、互不相干的各个部分有机地结合在一起：看见了一头牛，听到了牛叫，闻到了牛味，吃到了牛肉等等，眼耳鼻舌身的不同功能，非常巧妙地、互不相扰地统一在人的意识和行动中。这也是眼耳鼻舌等皆具空性，才能相互渗入而融合。

但人的意识也是有层次的，前五识可以统一在人的意识中，而意识本身却有着人们不太了解的三个层次，也就是唯识学中所说的第六、第七和第八识，在《楞伽经》中还在第八识上划出了第九识。这都是人们精神中的实际存在，人们无不生活于其中，但对这个第七、第八乃至第九识却毫不了解。人们所熟悉的，仅仅是第六识，也就是人们的理性思维及自我意识中得到明白感受觉知的那一部分而已。

佛教把万事万物万法归结为有为法和无为法两大部分。

人们对因缘而起的有为法尚能有所了解，五蕴、六根、六法、六识所产生的认识都是因缘而起的，那些具体的事物、生命和精神现象都是因缘而起的，故能为我们所认识。但无为法超然于五蕴和根尘识之上，不是缘起所能产生的，是佛菩萨们专有的精神领地，这在世俗众生的认识里，恰恰是一片盲区。

佛教以空作为武器，主要是针对两大目标：一是针对“我”，二是针对“法”。佛教认为，生死苦海的根源就在于人们对“我”和“法”，特别是对“我”的那种贪恋和执著。眼耳鼻舌身意是谁的？当然是“我”的，没有“我”，这个眼耳鼻舌就只是一堆死肉而已；这个意，也成为一个没有灵魂和主宰的电脑盘而已。有了“我”，才有了“我”的眼耳鼻舌，才有了“我”的感觉和认识，才有了“我”的行为与活动，才有了“我”所认识和生活在其中的这个世界。“我”的一切，必须以“我”为中心，离开了“我”这个中心，世界就会发生错乱，如患了精神病一样地乱七八糟。宇宙万物存在与否，对“我”没有多大的关系，但“我”之所以为“我”，“我”的这种存在，才是存在中最根本、最要命的一种实在。人们大多忙于对外在事物的应酬，没有花多少心思用于对这个“我”的推敲，但在潜意识的深处，“我”的这种执著是深入骨髓的，人世间那种种的矛盾是非、荣辱得失、情感和理智所能落足的任何角落，无不因“我”而起。“我”的奋发，给世界带来生机和光明；而“我”的膨胀，却给世界带来了罪恶和危机。

“我”是带有占有性和侵略性的，如“我”的工作，“我”的生活，

“我”的名誉、地位、财富等等。但外部世界并不是那个“我”可以随意占有的，它要反抗，甚至要反过来对那个“我”进行占有。于是这个“我”又产生了压抑和不安。而且社会上的“我”是众多的，彼此虎视眈眈，如同鲁迅先生所刻画的一群刺猬。这就使“我”处于矛盾和彷徨的地位，一方面雄心勃勃，一方面又无可奈何。

如果对“我”进行多层次的探询，想必是饶有兴趣的。一般来讲，“我”和“我”的身体融为一体，不可分割。若“我”是医生，对自己进行诊断、治疗，这个身体就与“我”分成了两个部分，一是主体，一是客体——主体的“我”对其所有的物进行调整。若“我”是心理学家，对自己的精神现象和心理现象进行分析和研究，那么“我”的主观精神也被分割成两个部分，一个仍是主观的“我”，另一个则变成了“我”所认识和研究的客体。“我”进行认识和研究的方法是逻辑和理智，若“我”是哲学家，是研究逻辑和理智活动的学者，又对自己的逻辑和理智程序进行研究，那么这个主观的“我”又再一次面临分割……这个“我”最终是什么呢：是物质，是生命，是纯精神？谁也说不清楚。但有一点是清楚的，就是空一直贯穿于其中。没有这个空，上面所谈到的一切就不会来来去去出没于“我”之中，“我”产生和容受着这一切，但却又空空如也，什么也没有，什么也不是。

所以，这个“我”若是五蕴身，五蕴是因缘合成的，是空；这个“我”若是根尘识，根尘识也是因缘合成的，是空；这个“我”若是十二缘起，那更是空。

在大乘佛教里，并不执著于这个空，空即是有，两者是统一的，所以还有非空非有、不空不有、非不空非不有、即有即空、即空即有等诸多“圆融”的论述。这一切不外使人们的主观精神，从刻骨铭心地对“我”的执著中解放出来。

在佛教中，“法”相对于“我”，指为“我”所认识的一切外在和内在的对象。“众因缘生法，我说即是空”。不论“我”或“法”都是缘起的，都没有真实的实体，所以一概为空。为什么呢？人生宇宙，自然万物，生生灭灭，无一不是因缘和合而生；世界上的一切现象和事物都是相互联系、互相依存和互为条件才得以存在的，都是处在一定的因果联系之中的。

(四) 漫长的精神历程

——三十七道品和资粮道、加行道、见道、修道、究竟道略说

明白了缘起性空的道理，明白了我空和法空的道理，才能进入三十七道品，也就有了“资粮”，可以从资粮道上起步，一直走完究竟道。下面再看三十七道品。

首先是八正道，这是释迦牟尼佛亲自宣讲的，具有无上的权威性和真理性，这八正道分别是正见、正思维、正语、正业、正命、正精进、正念、正定。

“正见”就是缘起性空的般若智慧，是不含错误、谬误的正确思维的本质。如具备“诸行无常，诸法无我，有漏皆苦，涅槃寂净”这个“四法印”的牢固意识，就可以称之为“得正见”。有了正见，在迁流转变的、不遑安住的、痛苦无常的人生中才有航渡彼岸之舟，才不会在茫茫纷乱的物质现象和精神现象中迷失方向。

“正思维”是正见在具体精神活动中的应用。人们的头脑无时无刻不处于对事对物的分析和判断之中。没有“四法印”这个正见作为准绳，那些分析和判断就会因为“我执”和“法执”而产生邪妄和迷谬，就会对人生造成危机和痛苦。

“正语”，有了正见和正思维，运用在与人交流的语言（包括文字）活动上，就会纯正无染，其形式和内容都合乎佛法修行的准则，决不会产生低劣恶毒的妄语、谤语、绮语、两舌、恶口等是非语、欺诈骗人语，并远离那些无所事事、无聊消遣等游戏语。总之，其语言都是堂堂正正、利人利己的。

“正业”是指合乎佛教规定的活动、行为，总的来说要使自己的身、语、意三方面的行为活动都得其正。正业涵盖了人的劳动、生活、社会交往、精神内容等各个方面。最重要的也是一般所指的正业，就是杜绝杀盗淫妄等恶行，并推广到杜绝一切不净的行为活动，爱护、尊重

自己和他人的生命，乃至一切生命及其存在的权利，才能保证修行的纯正。

“正命”指规范维持自己生活的来源，正当地生存、生活以修持佛法。一切与正业不相合的职业和谋生手段都不是正命，而违犯正业的则是邪命。杀盗抢骗、贪污走私、贩毒卖淫等更属恶命。只有那些以劳动为生，按劳取酬，合理合法不伤害他人的职业和谋生手段，才能称为正命。没有正命就谈不上正业，没有正业也谈不上正命，两者关系密切，是修行的根本基础。没有这个基础，四法印、正见正思维就失去了效力。

“正精进”，精进就是发奋和努力。精进是取得成功的动力所在，相对于懒散和懈怠而言。人世间不乏刻苦追求的人，若为贪欲和恶见所驱动，在邪门歪道上投机取巧，则不能称为正精进。那些头悬梁，锥刺股，或十年寒窗，或卧薪尝胆，精进之力尚足可嘉，但谋的是一己私利，仍然不能称之为正精进。佛教的正精进，乃以四法印规范正业正命，用于正念正定，以使加速完成漫长的修道过程。

“正念”是对烦恼意念的排斥和洗涤。正见和正思维，在于认识的理性上，而正念则是针对情感及其属性。人们头脑中浮现的事物，呈理性工作状态时并不经常，更不用说纯正理性状态了。念指思维对象及情感对象的单元体，俗话称之为“念头”，并因念头的积聚流动而产生思维和情感的过程乃至行为活动。如果说正见是全体，正思维是局部，那么正念则是构成局部的基础单元，保持正念，正见和正思维才能无所渗漏和疏失。从这里可以看到佛教教理的细密程度。

“正定”是由般若观照之定，以区别种种邪定、外道定和凡夫定。定是指精神的专注与恒续，用以打破六识与七识和八识间的隔障。定可以使精神进入超能状态，获得常态下五蕴和根尘识所不能达到的境界，所以必须以般若智慧观照，并纳入佛教内各种相应的止观次第进行修习。否则进入魔境，误人误己，并极难治疗。

“八正道”不是泛泛之说，乃是释迦牟尼佛亲证境界后而加以规定的，以指导后人修行。正见就是四法印，这是佛教徒修行的指导思想；

正思维是在正见的基础上所作的方便教授，对己对人皆不可缺；正语、正业、正命、正定等不仅自己身体力行，并可以引起他人的崇敬，为他人做榜样。总之，八正道不仅是佛教徒修行的必须，而且是佛教教化的当然。八正道给修行者带来了一种与世俗完全不同的人生价值观念和精神感受。

而四念住、四正断、四神足、五根、五力、七觉支则是在八正道的基础上，分别对八正道的某些项目进行深度、专注的修持，以确定和扩大由八正道带来的那种人生价值观念、精神感受及其力量。

一般较有修持的佛教徒对“四念住”还比较熟悉，因为这是佛陀在世时曾经提倡过的，南北朝时是中国禅修方法的主流。四念住又称四念处，也就是精神和心理的意念放置之处或安住之处。严格说来，四念处是正见、正思维、正定乃至对八正道的一种全面结合。四念住的内容分别是观心无常、观法无我、观身不净、观受是苦。这就是把佛的四法印的正见纳入心地观法和日常功课之中。这样的观法，就是正思维；其细微和具体的部分，又是正念；其专注所在，又是正定；以此法传示他人，又是正语；恒续不懈，又是正精进；以此为准则，规范自己的行为和生活，又是正业和正命。再如观心无常、观法无我，就是般若行；观身不净，观受是苦，引申开来就是一般修观人常修的不净观、白骨观等。念住念住，一个人的精神和心理常处于这样的状态，就会淡化和消除世俗人生对“我”、“法”的那些贪执之情及其引起的种种烦恼和痛苦。

“四正断”是四念住在行为上的一种肯定和显现，有了四念住的观照，观念上对世间善恶行为有了判断，就应断恶就善，使自己的行为活动趋向至善和光明。四正断为“断断、仪律断、随护断和修断”。四正断又名四正勤，断是断恶，勤是勤修。其主要表现在对正业、正命和正精进的修持上。如对自己以往所做出过的恶业，应努力断除；对未生的恶业，要努力防止它产生；对已产生的善业，应坚持到底；对未生的善业，要努力使它生起。总之就是在正业和正命的实践上精进不怠，并使之趋向圆满。对出家的僧人和在家的居士而言，四正断在后来被扩大为各种戒律，这就增加了它的共业力量和威力，使一些不能自觉修持的人感到一种外在的束缚和影响力，以督促自己在行为上符合四正断的要求。

“四神足”又叫四如意足，这是在修行八正道、四念住、四正断的基础上，由正定所达到的一种高级精神状态。四神足本身也是对正定内容的一种规定，是对正定的实践和收获，所以四神足包括了因和果两个方面。神即神通，神是妙用莫测，通是自在无碍。神通有不可推测的、超越世俗常态的神妙作用，能使自己的身心意如意自在。如果剔除那些离奇的渲染，四神足就是超常态的一种充沛精力和智慧。四神足分为欲如意足、念如意足、精进如意足、思如意足四个层次。欲是仰慕佛法的庄严深妙和安乐乃至神通，如意即如其所意，修行欲如意足则可以收到这种成效——当然是在正定、四念住和四正断中达到。念如意足、精进如意足和思如意足也是一样的，分别可以达到正念、正精进和正思维——智慧的禅定实践的高级成就。

“五根”在这里不同于眼耳鼻舌身这物质的五种感官，而专指一切善法的内在精神和心理的依据。有了四念住、四正断和四神足，就可以使自己的精神和心理达到一种质的转变和确定，分别为信根、精进根、念根、定根、慧根。既称为根，即四念住、四正断和四神足已在自己的意念中生了根，成了自己精神心理实质的组成部分，牢固而不可动摇。有了信根，对佛法、四法印、四圣谛则深信不疑，不再怀疑和动摇。有了精进根，对一切佛法就会本能地勤修不怠，不存在懈怠和勉强。有了念根，就会念念不忘，随境随事，无不纳入佛法的修行之中。有了慧根，则处处是般若，任何疑难和困惑，都会在般若的光明照耀下得到清晰明确的抉择。当然，对一般初学佛法的人，则应以养植五根为目标，这是转凡成圣的内在依据。

“五力”是五根成熟所产生的力量，略同于四神足，但比四神足的范围更广阔。信根成熟，就有了强大的信力，不仅不为环境所动摇，反而可以影响和改变环境。精进力的成熟，使自己在修持上获得极大的动力，能以之向更高更深的佛法领域迈进。念力更是四神足的一种自在境，可以心想事成，神通妙用可随念而生。定力是定根成熟的标志，随所在处，无不可定，并可进入更高深的禅定境界。慧力是慧根的增长，有了慧力，则可以穷究诸法，明达般若，趋向解脱以最终成就菩提。

“七觉支”是三十七道品的最高层次，前面的可以归纳为“因”，而七觉支则可以归纳为“果”——当然这只是相对的，还不能称为究竟果位之果，因其仍处于“因位道谛”的范围，还不属“果位灭谛”——涅槃的范围，但已经接近灭谛了。觉是智慧和明了，佛的本意就是一个“觉”字，可见“觉”在佛教智慧中的地位。七觉支就是七种觉悟，分别是念觉、择法觉、精进觉、喜觉、轻安觉、定觉和行舍觉。念觉是对所修习的佛法常系念而不忘。择法觉是选择和判断，就是用智慧观察万事万法，能识别真伪，直趋正道。精进觉是精进力行之时，善于觉察明了，使之进入最佳程序，不走弯路，不做无用之功。喜觉是修持佛法后，远离那些颠倒梦想和苦厄所得到的喜悦。这种喜悦不是世俗利欲满足之喜，而是修持佛法和禅定所带来的那种“法喜”。轻安觉是因身心无染而远离病痛和烦恼的轻朗和安宁。定觉是在前面五觉的基础上，定力更为深入和神妙。由于有了定觉，还可以改变和优化自己所依据的眼耳鼻舌身的肉体性能。最后是舍觉，舍是对自我执著的否定和扬弃，佛法讲“无我”，没有舍，这个无我就是一句空话。

在八正道、四念住到七觉支的这一系列修行的基础上，对“我”的种种障碍修持、拖累解脱的弊病有了认识，加之五根五力的成熟，舍也从被动到了主动自觉阶段。佛教常说“难行能行，难舍能舍”。只有舍，这个对狭隘自我的否定和扬弃，才能达到万物平等、心物皆寂的境界，这里，与灭谛的涅槃已相隔不远了。

三十七道品是道谛的核心部分，在佛教大乘瑜伽唯识学内，又把道谛分成“资粮道”到“究竟道”五大阶段。

第一阶段的资粮道，如《瑜伽师地论》所说：

> 若自圆满，若他圆满，若善法欲，若戒律仪，若根律仪，若于食知量，若初夜后夜常勤修习觉寝瑜伽，若正知而住，若善友而性，若闻正法，若思正法，若无障碍，若修惠舍，若沙门庄严，如

是等法，是名世间及出世间离欲道趣向资粮。

资粮道是修道的因和准备阶段，如兵马未动，粮草先行一样。要使自己和他人得圆满的解脱吗？要修习无上纯善的佛法吗？就得信守佛教的戒律，守护好自己的六根六识，不让其放逸和胡作非为，并要亲近善知识，了解戒、定、慧三义的意义等等。有了这些因和资粮，才能进入下一阶段，即“加行道”。

加行是在资粮道上的精进，有的人把它等同于四禅八定，也有其道理。四加行为暖加行、顶加行、忍加行和世第一加行。

“暖”如般若智慧之火，焚烧一切世间烦恼，并产生相应的智慧和定力，又称之为“道火”。

“顶”如登高极顶，眼界大增，智慧开阔；低处的各种烦恼遮障无不一一明了，同样产生相应的智慧和定力。

“忍”是小我的放弃，明了四谛法和十二缘起，加上暖、顶的功力，故能舍去小我的执著和贪欲，顺融自然而通达无碍。同样可以产生相应的智慧和定力。

“世第一”就是世间第一，有了暖、顶、忍三种加行，出世的道心坚固，虽不是达到解脱，但于佛教的基本法义已能契合而投入，是世间法中最为尊贵和殊胜的，故称第一，也能产生相应的智慧和定力。凡夫所修的四禅八定，若不能与这四加行相应，只能称为凡夫禅或外道禅，若能与四加行相应，就可以进入佛法的见道位，进而进入修道位了。

“见道位”在这里也是因位，不等于佛菩萨果位上的那种得道，也不等于禅宗明心见性或开悟的那种见道。这里的见道位，是指对佛法的道谛有了明确的信心和认识，一般可指为解悟。所以见道位又称为通达位，就是通达于佛法教义及其修持。有了如此的基础则可以如法修道了。

修道因人的层次不同而有多种方法，如世间道、出世间道、软道、中道、上道、方便道、无间道、解脱道、胜进道这九道乃至十一道。总之就是断烦恼了生死的方法。九道的第一就是世间道，是色界诸天人所修习的方法，因其尚属有漏道，所以仍为世间道。这就是初静虑、第二静虑、第三静虑和第四静虑，也就是四层大定，分别与空无边天、识无边天、无所有处天、非想非非想天相应，所以又称为四无色定或四空定。

九道中除世间道外，其余八种都是出世间道，修持相对于四圣谛的苦集灭道的苦智、集智、灭智和道智，再加上相应的禅定，包括小乘禅法、大乘禅法和无上乘禅法，这里就不细加介绍了。

十一道分为观察道、勤功用道、修治定道、现观方便道、亲近现观道、现观道、清净出离道、依根差别道、净修三学道、发诸功德道、遍摄诸道道这十一类。其实就是对三十七道品的另一种分类和组合，其次还有四正行、四法迹、发诸功德道和三无漏根等四种总汇性的编组。这些提法，都不出三十七道品的范畴，都与修行者的精神、心理、意念和行为相应，都是以佛教的戒定慧三学的内容，改造和强化修行者的意志和行为。这种种的精神状态和内容，现代心理学是无从知晓的。

道谛的最上品是究竟道，又称无学道。前面四种道是有学道，即可以通过学习和修行而走过来。而无学道即是无学，即是离开一切精神内容的极其清净光明的智慧。如八正道在这里就成了无学正见、无学正思维……无学正定，加上无学正解脱和无学正智，故称十无学法。这还仅是究竟道中的一部分，如《集论》说：

> 依金刚喻定（大涅槃），一切粗重，永已息故；一切系得，永已断故；永证一切离系得故，从此次第无间转依；证得尽智及无生智、十无学法等……如是等依，名究竟道。

前面四道总的来说是“因”位之道，究竟道却是由因转“果”的关棙。“从此次第无间转依”，也就是“心转依”、“道转依”和“粗重转依”三大类。“心转依”是证得法性心，自性清净，永离一切内外烦恼，就是真如转依，就是平常佛教内常说的“烦恼即菩提”。“道转依”就是从前的世间道，在这里转变为出世间道，也就是一切法都可以在这里成为佛法和解脱道。因为在究竟道里没有三界内的贪欲，体现了宇宙万法的平等和圆满。“粗重转依”即是在第八识——阿赖耶识中，一切烦恼、随眠等粗重的业力及其种子全部变为清净和智慧的种子。尽智是断除一切烦恼后所出现的一种高级智慧，如《心经》中所说“无智亦无得，以无所得故”的智慧。无生智是除断一切苦，或处在一切苦中“毕竟不生法性”所产生的智慧，即平常佛教徒中常说的“无生法忍”。

这一切，是达到阿罗汉、菩萨和佛必由的“内证”之道，不是学习和修行可以达到的，其实质就是前面四种道的成熟和升华。在资粮道、加行道、见道、修道和究竟道这五种层次的“因位”上，还有相应的“果位”，也就是不同级别和层次的“学位”、“职称”。从色界、无色界天人到罗汉、菩萨乃至佛。如修四加行可得十七种色界天人果，修四静虑可得四种无色界天人果。修究竟道可得“声闻四果”——四种阿罗汉。再往上，广修功德，就可以从一地菩萨逐渐升至十地菩萨，得“阿耨多罗三藐三菩提”——无上正等正觉而成佛了。

佛教瑜伽唯识学认为，从资粮道到究竟道是一个极其漫长的宇宙生命的过程。“无始时来界，一切法等依。由此生诸趣，及涅槃证得”，要成就一个菩萨，如果因与果结合计算，要经过十住、十行、十回向、十地、佛地这四十一个阶段。仅资粮道一位，就有十住十地十回向，这么三十个阶段，在时间上称为一期“阿僧祇劫”。“阿僧祇”的汉语意思就是无量数，劫是宇宙成（生成）、住（稳定）、坏（衰变）、空（空冥）四大过程的统称，又分小、中、大三种劫，小劫1600万年，中劫32亿年，大劫128亿年。三大阿僧祇劫不知又当为多少个大劫了。

从这里也可以看到，从资粮道到修行道，都是在向烦恼作斗争，都是力图从苦谛和集谛的十二生死缘起中得到解脱。到了究竟道，就彻底地断除了“颠倒梦想”，解除了十二缘起这条系缚生命的生死链条，而使自己的生命和精神都得到了新生，得到了自由，进入了“灭谛”。

灭就是息灭，就是涅槃。息灭什么，就是息灭生生世世使生命和精神陷入生死苦海的惑业苦——也就是烦恼。息灭了烦恼，就达到了解脱，就达到了涅槃。说来轻松容易，可是回顾上面有关道谛的那些章节，要达到涅槃，要成罗汉、成佛，的确是人世间最艰最难的一件事了。

涅槃所显示的精神状态极为高妙，如相对于“四法印”的诸行无常、诸法无我、有漏皆苦、涅槃寂静，而说“常、乐、我、净”。常是永恒，乐是快活，我是大我，净是纯净，这四种精神状态都显示在佛菩萨的广大无边、深入无际的智慧和力量之中。以上是就《心经》涉及的一些佛学范畴和知识所作的一些系统但却肤浅的介绍，远未能把通达信、解、行、证四大层次的深蕴和博奥的内涵带给读者。为了以简驭繁，这里引用《七佛偈》两个偈子，或许能使读者在纷繁中得到头绪。

毗舍浮佛偈

假借四大以为身，心本无生因境有。
前境若无心亦无，罪福如幻起亦灭。

拘留孙佛偈

见身无实是佛身，了心如幻是佛幻。
了得身心本性空，斯人与佛何殊别。

（两偈均引自《五灯会元》）

二、心灵世界的内在机制与精神王国的地图

《心经》是六百卷《大般若波罗蜜多心经》的心要，含摄全部佛教的信息和密码，所以在恶繁喜简，又特别崇奉观世音菩萨的中国佛教徒中流行最广，对社会的影响也最大。

《心经》在东晋末年传入中国后，先后共有七种译本，其中广为流传的是唐代玄奘大师的译本。因为这个缘故，《西游记》在第十九回“浮屠山玄奘受心经”中杜撰了一个乌巢禅师向唐三藏传授《心经》的故事。唐僧在高老庄收了猪八戒后，路过浮屠山，向乌巢禅师询问去西天的路径，乌巢禅师说：“路途虽远，终须有到之日，却只是魔障难消。我有《多心经》一卷，遇魔障之处，但念此经，自无伤害。”《西游记》还在文中赞叹说：“此乃修真之总经，作佛之会门也。”以后每当唐僧遇到魔难，就要默念《心经》，于是就有孙悟空救驾，佛菩萨解难的场面出现。这是《心经》对当时社会心态的影响而在小说及其他文学作品中的反映。在曲折的人生旅途中，谁也免不了会遇上一些磨难和苦厄，“但念此经，自无伤害”——这是众多信众对观世音菩萨（即观自在）和《心经》的确定认识。当然，追求真理和智慧的人决不会停留在这种无力的、只知祈祷的位置上，他们要深入《心经》（观世音菩萨尚且要“行深般若波罗蜜多”），以《心经》为钥匙，用来开启沉重而深邃的心灵之门，用来开启精深宏大的佛教殿堂之门。

《西游记》是神怪小说，但乌巢禅师与唐僧一样确有其人，玄奘大

师是初唐人，鸟巢禅师是中唐时人，约晚玄奘大师150年。在《五灯会元》中，记载了一则著名诗人白居易向鸟巢禅师问道的故事。

鸟巢禅师的修行很特别，他不住寺庙，也不住水边林下的庵棚，而是在大树上搭了一个巢，像鸟一样地待在巢里，也不管天晴天雨，有雪有风——这当然会产生轰动的社会效应。

唐元和年间（806—821年），满头白发的白居易听说了鸟巢禅师之名，于是就去拜谒。白居易在树下礼拜后说："老师父，您这么一把年纪了，待在树上既不方便又很危险，还是下来，回到寺庙去吧。"鸟巢禅师在树上说："太守大人，你的官职这么高了，泡在官场里才太危险了，还是进入佛门吧。"白居易说："弟子坐镇江山，怎么会有危险呢?"鸟巢禅师说："官场中的荣辱得失、利害是非太多。加上这个充满危机的社会，如同熊熊的大火，会无情焚毁一切的。你在其中或得意于青云，或失意于穷途。得意则忘形，失意则生怨，难免党同伐异，怨恨憎恚，喜怒哀乐，心机算计。这种种情况，烦恼哪有稍息之时呢？这样又苦又累，怎么会不危险呢?"白居易听了肃然起敬，问："照师父这么说，是应皈依佛门以求解脱。但我自小学佛，几十年来，还没有入门之处，请师父指教。"鸟巢禅师说："诸恶莫作，众善奉行。"白居易不觉笑了，说："这不过是三岁孩童都会说的道理，何必用来教训我这个老头子呢!"

鸟巢禅师说："这的确是三岁孩童都会说的，可惜许多八十老翁也没有做到啊!"这话如一盆冷水，从头到脚地倾了下来。白居易心中一颤，"是啊，知道的未必行到，行到的未必达到。我学佛多年，满腹经纶，自己又身体力行了多少呢？现在还不得心安，功用又在什么地方呢?"他诚恳地向鸟巢禅师致谢，然后打道回府，继续用功。鸟巢禅师的这一席话，对现代社会中那些拥有一些地位、权力和财富的人，也同样是值得深思的。

在人类漫长的历史长河中，繁荣和稳定只是相对的，冲突和危机总是绝对的。人类在阳光下行走时，身后总有一条阴影相随；而在黑暗中行走时，心中又有着光明和希望。

司马迁在其《报任安书》中说过一段非常深沉，常常为有心者留意的话：

> 古者富贵而名摩灭，不可胜记，唯俶傥非常之人称焉。盖西伯拘而演《周易》，仲尼厄而作《春秋》；屈原放逐，乃赋《离骚》；左丘失明，厥有《国语》；孙子膑脚，《兵法》修列；不韦迁蜀，世传《吕览》；韩非囚秦，《说难》、《孤愤》。《诗》三百篇，大抵圣贤发愤之所为作也。此人皆意有所郁结，不得通其道，故述往事，思来者。

“此人皆意有所郁结”，司马迁所列举的这些圣贤之所以有所作为，都是因为他们处在一种特定的精神和心理状态下，这是何等的关键。在古老的中华文明中，屈原、司马迁、李白、杜甫、苏轼、辛弃疾、曹雪芹、鲁迅等众多的大师和天才都各有其精神风采和沉重而灵动的心理状态。秦皇汉武、唐宗宋祖、洪武康熙等众多的“明君圣主”及他们的贤明辅弼，也各有其精神气度和决策方略。面对现今的商品社会和科技争战，不论是政治家还是企业家都必须高瞻远瞩，以非凡的眼光和手段谋求生存和发展。

有众多的成功者，有更多的失败者，还有更多更多作为成功者和失败者基础的社会存在的人民群众的海洋。每一个人都在用自己的心来对自己的环境作出判断和决策；每一个人都不断地用自己的心来对自己的决策进行不断的反思和再判断。

人生的真谛和归宿是什么？人们的各种努力和奋进为的是什么？人的精神——心理这一复杂的意识形态乃至社会意识形态又是什么？

人类在认识和改造着世界，但作为认识和改造的这个主体存在又该作如何的认识和改造呢？“一半是天使，一半是野兽”，作为“天使”的人在主宰作为“野兽”的人呢？还是作为“野兽”的人在主宰作为“天使”的人呢？

不识庐山真面目，只缘身在此山中。人类有一个难以纠正的弱点，就是对外部世界力求清楚明白，而对自己这个内部的世界，却总是含含糊糊。上面我们所介绍的《心经》只是一个大纲，要深入人的精神——心理的深层结构，就必须对唯识学说的八识观作系统而细致的研究，只有在八识这个系统里，生命、精神、意志、情感、理性等无论有多么错综复杂，都可以得到清晰的、有机的和系统的认识。

(一) 神秘的小宇宙

——三能变缘起的第八识观：无限之“我”的阿赖耶识

在前面对《心经》的介绍中，虽然涉及了五蕴、六根六尘六识这十八界，也涉及了十二缘起和四谛法，若不对六识，进而对八识作进一步的分析，人们仍然不会对自己的主观精神有明确的认识理解。难也难在这里，八识观是佛教唯识学的核心，唯识学又是极为庞大繁琐的经院派的学说。以佛经而论，它以《大方广佛华严经》、《楞伽经》、《解深密经》、《密严经》和未曾在中国翻译的《大乘阿毗达摩经》和《如来功德出现经》这六部大经为依据。就佛论而言，则有“一本十支”。一本就是著名的《瑜伽师地论》这部百卷巨著。十支分别是《百法明门论》、《五蕴论》、《显扬圣教论》、《摄大乘论》、《杂集论》、《辨中边论》、《唯识二十论》、《唯识三十颂》、《大乘庄严论》、《分别瑜伽论》这十大论著。这些经论，是印度佛学中最为精奥的部分，结构精严，逻辑细密，论辩深邃。上起佛祖释迦牟尼，历经弥勒、马鸣、龙树、无著、世亲，乃至难陀、安慧、护法等众多的“菩萨”级学者倾注心血。在中国又因有玄奘大师这样千年不遇的英才得以全面系统地加以翻译、整理和介绍，并在其《成唯识论》及《大唐西域记》中使印度许多珍贵的思想和史料得以保存。

这是人类文明史上有关人类主体精神研究最宝贵的资料库，现代心理学与之相比较显得是那样的薄弱和狭小。无怪乎鸦片战争以来，中国一大批第一流的思想家、革命家，在发现了可以与西方精神文明抗衡的这一学说时所发出的那种振奋和惊喜。从金陵刻经处到支那内学院，数以百计的思想精英在这个学说里陶冶，如谭嗣同、梁启超、章太炎、桂伯华、苏曼殊，乃至熊十力、释太虚、梁漱溟、王恩洋等。

唯识学的经典著作是由玄奘大师等用中国古汉语译著的，并且是高度思辨性的大部头著作。列宁在研读黑格尔《逻辑学》时曾发出如下的感叹："这是引起头痛的最好方法！"

唯识学的经典著作，如《成唯识论》等，其艰涩程度不知超过黑格尔《逻辑学》多少倍。不是专门的佛教学者，不是发心于佛学中求"究竟义"，谁愿去花那么多的时间去"头痛"呢。这是唯识学难以普及的要害处，也是其在唐代以后消沉不传的原因之一。下面就唯识学的体系和结构作一些尝试性介绍。

从字面上理解，唯识者，唯有主观精神也——这岂不是主观唯心主义？佛教认为，它既不是唯心主义，也不是唯物主义，唯识之学是认识人生宇宙真相和实质的一门学问，而且是"转凡成圣"，使人类得以在生命和精神的"质"上得以升华的一门学问。心和物两者，平等无差别地"圆融"在这一体系和结构中，同为宇宙的物质存在、生命存在和精神存在的根本依据。借用相对论的范畴来说，物质是能量的特殊状态；能量也是物质的特殊状态，两者的关系是一。同样，佛教认为：心即是物，物即是心，两者无二无别。对人而言，对人的认识而言，对要认识人的认识而言，则心处于主体的地位，所以立名为唯识。

道理是明白的，世界的真实意义在于人们的认识。世界是在人们的认识中存在，离开了人的认识，世界存在与否对人来说是没有意义的。因为有了人的存在，有了人的认识，有了人类基于认识上的实践活动，世界的存在，它的客观性、多样性、运动性、变化性才有了价值。同样，世界的存在，它的客观性、多样性、运动性、变化性，一切一切，无不显现在人的认识中，全都是人的思维内容或物化的思维内容而已。佛教的唯识学说，正是这种关系的表现，"唯"者，则是加以强调，确定其在人的存在价值中的绝对性。

在玄奘大师之前，老一代的佛学家因循于中国传统文化，将"识"这一概念翻译为心——现在中国人仍然因循于这个认识上的传统。认识活动是心的功能（现代科学证明是大脑的功能），但心往往容易与肉体的心脏混为一谈，玄奘大师为了规范佛教严密的论证体系，更心为识——我们现在所大谈的“认识”、“思想”、“意识”等其来源恰好是佛教的这个唯识学。

唯识学认为，识是生命和精神的绝对主体，其自身又因其性能和功用分为三大部分，即心、意、识。心指第八识——阿赖耶识；意指第七识——末那识；识则包括了眼耳鼻舌身意这六种识——从第一识到第六识。识有“能变”的功能，人们熟知的“精神变物质，物质变精神”，“境随心转，相随心变”等都是这个“能变”的通俗说法而已。

阿赖耶识是印度古梵文的音译，汉文的意思是藏识。藏是储存的意思，藏识就是含藏储存一切生命和精神密码和信息的识体。唯识学把藏识的功能归纳为三种：能藏、所藏和执藏。对此如何理解呢？

人们在生活中常有种种合理的臆想：我为什么不能生得英俊或娇艳一些呢？我为什么不能有模特儿一般的身材呢？不生病多好啊！活一百岁多好啊！有如电影明星的脸蛋、舞蹈家的风采、科学家的智慧、商人的富态、政治家的心胸，等等。

这样的十全十美，从来不会赋予任何一个人。人们平常把人的理性和认识看得至高无上，但对生命、对智慧、对气质、对自己的身体常常一筹莫展。医药学和养生学，只能给生命、身体或仪表带来少许“优化”性和量的成果，绝不可能使人脱胎换骨，永葆青春，更不能把东施变成西施，给人以“质”的转变。一碗饭进入肠胃，再也不会听大脑的指挥了，五脏六腑的运行，生命活动的节奏，大脑的理智好像一点也作用不了，甚至与之毫不相干。

有雅兴的人可以去美容师那里去作一番调查，也可以在肿瘤医院或急救中心去作些观察，他们对人的先天仪容，对人的生命有许多无可奈何的感受。总之，这一切是理智活动的禁区，无怪基督教说：亚当和夏娃只偷吃了智慧之果，并没有偷吃生命之果。现代遗传学把这一切归于遗传基因——脱氧核糖核酸，这是生命科学的一个飞跃，但并不能说明一切，特别是社会中的人生。随着科学的进一步发展，对生命科学将有许多突破性的成果，如果思想家、哲学家、心理学家和生命科学家有兴趣了解一下唯识学的八识结构，想必会得到一些相应的启示。

阿赖耶识的功能之一是能藏，这个作为物质——生命——精神主体性的“识”，能够接受和容纳现在和未来对它产生作用的一切信息。阿赖耶识的功能之二是所藏——能够储存过去现在对它产生作用的一切信息。阿赖耶识功能之三是执藏——能把过去、现在和未来的一切信息牢牢地储存在其中，作为其存在的内容和能源。

在自然科学众多的成就中，物质不灭和能量不灭两大定律可以说是科学的支柱，没有这两大支柱，科学的殿堂就会崩溃。佛教也有其两条根本性的定律，一是业力不灭，二是业感缘起。业力是指人们精神活动和行为活动，表现为一种精神能和生物能，并且具有伦理学上的善恶意义。依据业力不灭和业感缘起的道理，才有阿赖耶识能藏、所藏、执藏三大功能存在的客观性；依据阿赖耶识的存在，才有业力不灭和业感缘起这两大定律所依赖的主体。它们的关系是体和用的关系，谁也离不开谁。如果这种业力是虚幻不实的，是佛教主观臆造的，那么过去的就不会延伸到今天，人类文明也就谈不上积累和发展。没有业力不灭和能藏、所藏、执藏这些原则，人就不能感知、记忆、回忆，更不能基于其上去作分析、综合等推理判断。同样，生命学、遗传学的种种立论也会全都失去依据。

阿赖耶识除因能藏、所藏、执藏这三大功能而名为藏识外，还有一个名字叫“异熟”。这真是一个怪异的名字，叫人摸不着头脑。其实一点也不怪异，这恰恰是阿赖耶识那三大功能在时间和空间上的延伸和显现。

阿赖耶识能藏、所藏和执藏的是什么呢？是业力—— 一切精神的、物质的、有活性的信息，在唯识学中称之为“种子”。我们脚下的大地、田野，覆藏着形形色色的、有生命的种子，有庄稼、草木，甚至还有菌类和虫类。只要没有人为的干预，有的生于春夏，枯衰于秋冬；有的生于秋冬，枯衰于春夏。各种生物，都因循于它们的生物钟在春夏秋冬、365 天中生老病死。有的生命长达千年，有的匆匆一瞬就了此一生。它们各有各的生命周期，这就是“异熟”。

中国人常把阿赖耶识称之为“心地”，在这片土地中，既然“藏”

着过去、现在和未来的“一切”种子——业力，当然也会在人们的生命中，在人们的精神活动和行为活动中表现出来。如人的身体发育、美丑胖瘦、男女老幼、贤愚不肖的品行性格、兴趣爱好等。它们都曾以“种子”的形式被“藏”在阿赖耶识中，但属性不同，所以称之为“异”。有的人少年老成，有的人大器晚成；有的人先好文，后又好武；有的人先喜从政，后喜经商；有的人从前是好人，后来变成了坏人；有的人先前是坏人，后来又变成了好人；还有的人仪容本来并不值得恭维，后来却变得（非美容）仪表堂堂；有的人原来标致秀丽，后来（并非衰老或意外伤变）却再也不愿去照镜子……这一切，还有说不尽的例子，都是阿赖耶识所藏种子因类因时因缘的不同而成熟和显现的结果，故名“异熟”（基因渐变或突变也可纳入“异熟”之内）。

阿赖耶识还有一个名字叫“一切种”。既叫“一切种”，就不是我们的有限认识和认识的有限世界那些有限的内容了。佛教的眼界是放在全宇宙的，这个宇宙包括了过去宇宙、现在宇宙和未来宇宙；也包括了这“三世宇宙”所发生的一切物质、生命和精神乃至社会的现象及其“业力”。而这一切，又以业力——信息——种子的形态储存在阿赖耶识之中，其大无外，其小无内，其数无穷。所以称之为“一切种”。这绝非佛教大言欺人，现代哲学、现代生命学和宇宙生命学已经认识到，任何微小生命或物质，无不含具宇宙的全部信息——这本来就是宇宙一元性，宇宙间万事万物的同一性，精神与物质的同一性，用古代印度、中国圣哲们所创造的佛学术语来表述而已。既然叫“一切种”，就超越了有限生命的时间和空间的隔障，使之与宇宙融为一体，成为浓缩的宇宙，禁不住让人又想起了那首偈子：“无始时来界，一切法等依。由此生诸趣，及涅槃证得。”佛教宣扬的“一切众生皆有佛性，皆可成佛”，没有这个依据，就成了一句空话。

在这里，“一切种”是阿赖耶识得以成立的“因”，“异熟”是阿赖耶识在时间和空间中次第所显现的“果”，而“藏识”则是阿赖耶识的“自相”，因、果、相三位一体。在另一层次上又分为“相分”、“见分”、“自证分”和“证自证分”这“四分”的结构和体系。

唯识学讲“三能变”，初能变即阿赖耶识“能变”，它能把外在事物变成内在“种子”（认识活动），又能把内在“种子”变成外部存在（实践活动）。最根本的“能变”，在于把自身这个识体变成“见分”和“相分”，也就是主观和客观。

相分指一切精神和认识的内容，当然也包含了所感受、所认识的对象。见分则是能感受、能认识的精神和认识的主体。相分指本体宇宙和现象宇宙，唯识学称之为真如实相及各种境相、相状和义相（概念）。相分一方面作为认识的客体对象，一方面又作为认识的主体内容。心和物两者在这里只是作为认识上的差别而没有实质上的、绝对的差别。

见分是认识的主体，即能认识，具有“了别”——明了和分别，即感觉、判断、分析、综合等认识和推理。唯识学称之为证见名见、烛照名见、能缘名见、念解名见、推度名见等。

初期唯识学只有相分和见分，后来深入发展了，又把见分分为三个层次，也就是在见分之中，析出了自证分和证自证分。

人们能见、能思维，你为什么能见、能思维？这种思维和认识依据什么？唯识学认为，正因为如此，所以应有一个比见分更内在的主体性自证分。自证分的证，是对判断的判断，是对推理的推理，是检验认识活动正确与否的更高层次的检察官。人们常常对自己的所作所为作出反省，“吾日三省吾身”，这种深刻自省的力量，就是自证分。

有了自证分，精神的内蕴是否就到底了呢？不！唯识学认为，这还不够，这种深刻的内省到底又依据什么呢？是否还应有一位“总检察官”来考核这一切呢？于是就安立了“证自证分”。从这里可以看到唯识学立论之严，它唯恐理性认识有丝毫的差谬，所以层层设防，处处把关，力图达到对生命和精神的认识的准确。

见分容易理解，自证分就使人糊涂了，再加一个证自证分，就更使人的脑子发晕。这是否多此一举，画蛇添足呢？不！唯识学大师治学之严谨是为古今中外学者们公认的，画蛇添足不是他们的习惯，他们也从不允许理性走入歧途，他们追求的是最清晰的理性。

有一则禅宗公案可以启发我们对这个问题的认识。北宋有个极为了得的禅宗大师，就是住持湖北五祖山的法演禅师，是六祖慧能的第十四代嫡传弟子。他是四川人，青年时在成都大慈寺学唯识学。他在研究“菩萨入见道时，智与理冥，境与神会，不分能证所证”这一境界时，看到了一则资料，说玄奘法师在印度那烂陀寺时，有一个婆罗门提出质疑：“即不分能证所证，那以什么来作证明呢?”这个婆罗门是用脑袋来辩论胜负的。结果那烂陀寺的僧人们没人敢应战——他们回答不了这个问题。那个婆罗门于是要那烂陀寺不准鸣钟，要僧人们反穿袈裟。那烂陀寺在当时是印度佛教的最大寺院和最高学府，回答不了这个问题，等于是佛教输给了婆罗门，脸也丢尽了。为难之际，玄奘大师站了出来，轻描淡写的一句话，就使那个婆罗门输了。玄奘大师说：“如人饮水，冷暖自知”——这里是自证分还是证自证分呢？谁也说不清楚。可是法演禅师毕竟与众不同，他自己追问道：“冷暖当然是可以自知的，但是这个自知究竟是什么呢?”后来他参学禅宗多年后，终于明白了这个“自知”。自证分和证自证分是认识的深层结构和根本依据，且不论这种对认识层次的界说如何，这种对真理的追求，无疑是人类精神最可宝贵的部分。人类对外要穷尽宇宙的奥秘，对内要穷尽生命和精神的奥秘，没有理性这种穷追到底的毅力，人也枉自为人了。

以上只是对阿赖耶识的藏识、异熟、种子、相分、见分所作的粗线条的介绍，要知道，其中任何一项，在唯识学中都有相当细密和条理性的发挥。如异熟有“变易而熟”、“异时而熟”、“异类而熟”三位，又有“我爱执藏现行位”、“善恶业果位”、“相续执持位”这三位。还有“异生位”、“二乘有学位”、“二乘无学位”、“十地菩萨位”和“如来位”这五位。这一切都与三十七道品相关联，都与资粮道、加行道、见道、修道和究竟道相关联，也与复杂的、涉及善恶的甚至超善恶的精神活动和行为活动的因果关系有关，甚至与超越因果关系的精神活动和行为活动有关，因不属本书所涉及的范围，笔者就不再介绍了。

若就“种子”而言，就有“刹那灭”、“果俱有”、“恒随转”、“决定性”、“待众缘”、“引自果”六种特性，而且各有层次和多种属性。以“引自果”为例，又有“所熏”——接受外部影响，和“能熏”——影响外部环境两层意义。其中“所熏”又有“坚住性”、“无记性”、“可熏性”及“与能熏和合性”四重性能，其中每一种性能，都又有若干规定性。这可比黑格尔的《逻辑学》麻烦多了。

再说见分，因为这是精神——心理的重要功能部分，不妨多谈一些。见分除了在自身上可以纵深分为见分、自证分和证自证分外，在横向上又分为现量、比量、非量（即似现量）和圣言量四大部分。这可是逻辑学上的重要范畴，是佛教特有的逻辑范畴和系统结构。

什么是现量？现量的现是对感觉的显现，也就是如实的感受，包括眼耳鼻舌身意的种种直接的感受。这种感受清楚明白，用不着通过思维活动去进行判断、分析、综合等推理程序。如看见一头牛、嗅到花香、听到钟声等，这些都是真实直接的感受。量指度量，形体的大小、光线的强弱、声音的清浊等不带有思维的直觉判断。

现量义分为三种：一是“非不现见相”，指一切直接的感受，其中又因为感官健全，分同类性质、不同类性质、没有障碍、空间距离、正好适合等真实直接的感受。第二是“非思维所构成相”，指行为、活动、运动中的状态形象。三是“非错乱所见相”，这是指排除“想错乱”、“数错乱”、“形错乱”、“显错乱”、“业错乱”、“见错乱”这几种因受精神、感官、情绪、认识和行为等病态及不正常状态所感受到的幻觉和错觉，以保持感觉和认识的准确性。这三类“现量”，是认识得以展开的基础和前提。在修持中，因修行的层次还有许多世俗人生中不能感受的内容，如修禅定中的感觉感受，在天眼、法眼、慧眼、佛眼中所见到的种种世人不可思议的那些现象。如六道轮回、色界无色界和佛国净土，这些都是人们感官不能感觉和认识的，但在高层次的修行中，却有“现量”的感受和认识。

比量是纯理性的活动，是认识得以展开的依据，包括了判断、分析、综合、演绎、归纳等概念的逻辑推理及其过程。在唯识学中，这种逻辑推理的比量，又有“相”、“体”、“业”、“法”、“因果”这五种形态。

相比量是对事物形体相状所作的推理与判断，并应符合其因果关系和规律性，也是经验的必然反映。如“见山有烟，必知有火”的判断，基于有火必有烟这种因果和经验等等这一类基本的认识规律。

体比量是对事物属性的稳定性的一种推论和判断。如盐是咸的，糖是甜的。盐菜、盐肉当然也是咸的；蜜饯、糖果当然也是甜的。

业比量是对事物作用和状态的一种推论和判断。如听见救火车的警笛声，就能推断某处一定发生了火灾；听见街上有爆竹声，就能推断某家有红白喜事等等。

法比量是对事物进行概念性的普遍的推论和判断，并有深入的因果关系。如从杀人者偿命、欠债者还钱这类因果推论判断，到春生夏长秋收冬藏这类自然法则的认识，乃至一切科学技术的理论、逻辑及数学的推导等都是法比量。

因果比量与法比量同类，也是对事物进行概念性的普遍的推论和判断。不过法比量侧重于面上的“广”，因果比量侧重于质上的“深”。

因有比量这一对现量的审核，现量分为“真现量”和“似现量”两大类。真现量就是眼耳鼻舌身意六识在“现在”对“现有”并处于“显现”或“现离”状态中的事物所产生的真实直接的感受。

“似现量”就是“非量”，没有理智的“比量”审核判断，这种“非量”也会混淆于“现量”之中，所以称为“似现量”。“似现量”是一种复杂的、非由真实客体引发的那种主观的精神感受和认识（这种现象反映在认识活动中又称为“似比量”）。“似现量”有五种不同类型的表现：一是“散心缘过去”，指人们心神不定时对过去情境的那种零乱的回顾所得到的“现量”感受；二是“独意缘现在”，独指独头意识，就是不缘眼耳鼻舌身等感官的纯意识感受，“现在”就是对感受的那种直接的、现在的作用，如人们对社会、政治、经济、文化及人事情感的那种直接的、非理智的“现量”感受；三是“散意缘未来”，与“散心缘过去”相类似，不同的“缘过去”尚有对过去感受的经验，而“缘未来”则是基于过去和现在，进行“非比量”、非理智的臆测、憧想所得到的那种虚幻的“现量”感受；四是“缘三世短智”，三世指生命形态的现在、过去和未来，这是超越一切生命现象进入连续生命形态的一种超时空的指谓，只有在佛教修行的高层次上才能有“现量”的感受和认识，一般的世俗众生，没有如此的“道行”，没有证得“三明六通”，附会佛教圣贤言教，臆度三世因果现象，也是一种“似比量”，属伪理论和伪科学，他们也会因之而有种种感受，如练气功而走火入魔，精神失常的人见神见鬼，妄谈三世，都属于“非量”——“似比量”的这个“缘三世短智”；五是“缘现在诸惑乱解”，前面我们曾提到见浊，颠倒见、邪见、禁见、见见等谬误的认识，这些都是“非比量”，属于“惑乱”、“浊乱”的认识。在这样的认识中所得到的那种自欺欺人、自以为是的感受，就是“缘现在诸惑乱解”。

佛教认为，阿赖耶识是一切众生的根本心识，也是世界、生命、精神、认识的根本依据，还是成佛的根本依据。眼耳鼻舌身意末那这七种识，都是依据阿赖耶识而产生，是它的内容和组成部分，并以“种子”的形态，存在、潜在或显现于其中。前七识是阿赖耶识的变相，所以这里在介绍阿赖耶识时，其他各识的功能也相应有所介绍，当然后面还要作专门的介绍。

眼耳鼻舌身意末那这七识，都是阿赖耶识的“见分”变化。而阿赖耶识的“相分”，还有三种存在的状态而相对于“见分”，这就是“性境”、“独影境”和“带质境”。

“性境”的性，指事物的客观属性，是不以人的主观意识为转移的。性境就是人们直接面对的客观存在，如五根对五尘所生的那种种直接真实之境。这是有实体实法并有现实作用的客观存在，不是人们主观臆造的，也不接受人们的主观改造，如日月星辰、大地大海及人们必须遵循的种种自然法则和规律。

独影境是纯意识的产物，因其不随眼耳鼻舌身等感官活动而起，也不因色声香味触等外界事物作用而起，是人们头脑中浮现的那种影像境，所以称为独影境。这在艺术、文学和科学构想上有积极作用，但也是谬误和迷乱的根源所在。梦境和酒醉吸毒产生的幻象，就是独影境典型的表现。但独影境与“见分”相通，没有“见分”也不会产生独影境。

带质境是相分的最有价值的一种状态。质就是本质，本质就有稳定性和规律性，人们才可以因之而产生和开展合理的认识活动与实践活动，所以与“见分”密切相关，是“见分”和“相分”有机融合的那一部分。

见分的最高层次是“圣言量”，也被称之为“佛言量”、“圣教量”，是佛菩萨在高层的清净智见中所证见，并宣示和指导众生修行的一种“现量”，如佛所具有的“三身四智”中的“四智”——成所作智、妙观察智、平等性智、大圆镜智中所出现的境象，这是真实的，但对凡夫俗子而言却不可能有“现量”的感受，只有通过“比量”对这个“圣言量”信奉和修持。圭峰宗密大师在《禅源诸诠集都序》中归纳说：

> 量有三种勘契须同者，西域诸贤圣所释法义，皆以三量为定：一、比量，二、现量，三、佛言量。量者，如度量升斗，量物知定也。比量者，以因由譬喻比度也。如远见烟，必知有火，虽不见火，亦非虚妄。现量者，亲自现见，不假推度，自然定也。佛言量者，以诸（佛）经为定也。勘契须同者，若但凭佛语，不自比度证悟自心者，只是泛信，于己未益。若但取现量自见为定，不勘佛语，焉知邪正？外道六师，亲见所执之理，修之亦得功用，自谓为正，岂知是邪？若但用比量者，既无圣教及自所见，约何比度？比度何法？故须三量勘同，方为决定。禅宗已多有现比二量，今更以经论印之，则三量备矣。

圭峰大师的这席话极为重要，禅宗的修持，尚需以经论作印证，何况其他。今天修习各种“气功”的人更应结合参照，作为自己的座右铭，并参照三十七道品与资粮道至究竟道的有关“佛言量”经常检查自己的修为在“气功状态”或“特异功能状态”中所出现的“现量”境，是正是邪，是佛是魔，那是万万大意不得的，是与生命攸关的大事啊！

总之，阿赖耶识因是“藏识”，又是“异熟”，又是“一切种”，它的内容可以说涵盖了人生宇宙的一切，涵盖了人的全部精神和认识。若依唯识学加以系统的介绍，百万字的巨著也难以将其错综复杂的多层结构和包罗万有的内容和属性说得清楚。在知识和信息大爆炸的今天，更使阿赖耶识有了更多的证明，用现代术语来讲，它是我们面对的一切已知和未知的世界，是宇宙大爆炸前的那一瞬间的存在，也是宇宙大爆炸后在理论中推导和描绘的那个“黑洞”。借用遗传学术语，它就是遗传基因的密码。借用心理分析的术语，它就是人的无意识。但这一切并不能完全说明这个阿赖耶识，因为它不仅具有物质的、生命的生物属性，还有人类特有的社会属性。而社会属性这类“种子”的能量释放，又关系着人的道德品行、人事因缘及相应的吉凶祸福、荣辱得失。更何况在修行中阿赖耶识还是天国与佛国存在的依据，也是地狱饿鬼存在的依据。所以阿赖耶识本身就具备了空间的多维性、多层次和时间的无限性，当然更包括了内容的无穷无尽。本体宇宙是一，而现象宇宙无尽，阿赖耶识就是这两者的统一。“无始时来界，一切法等依。由此生诸趣，及涅槃证得。”再一次引用这个偈语时，其意义与感受就大不相同了。

（二）天堂地狱一肩挑

——三能变缘起的第七识观：作为自我意识的末那识

阿赖耶识是神秘的，其深不可测，其广不可度，非成佛不能窥其全貌。而第七识——末那识也同样玄乎，与阿赖耶识一样，人们出于兹、没于兹，无时无刻不在它的笼罩之下——睡眠时它也守护着人们，而人们却对它熟视无睹。

人们为什么会有“我”这样一个奇异的观念？人们凭什么力量把世界划分成主观和客观两大对立的存在？人们为什么会有那么多情感？有那么多的怨艾和喜怒哀乐？人们为什么有那么多的需求、追求？人们为什么有多得数不清的善恶性情和行为……而这一切，还有许许多多，都与这个末那识的存在分不开，正是有了末那识，才会产生上面所列举的一切。

在人们的心中，客观世界是存在的，主观世界也是存在的，这原是无须“论证”的现实，用佛教的话来说，这都是眼耳鼻舌的“现量境”，无须用推理的“比量”来证明。可是人类偏偏要产生出一批杰出的思想家，他们不满足于这个“现量”，他们需要深入，需要对自我和世界寻找存在的依据，并加以证明——这可是人类文明发展的根本推动力啊！

远在两千多年前的中国，庄子就曾发出如下的一番议论：

> 喜怒哀乐，虑叹变慹，姚佚启态；乐出虚，蒸成菌。日夜相代乎前，而莫知其所萌。已乎，已乎！旦暮得此，其所由以生乎！非彼无我，非我无所取。是亦近矣，而不知其所为使。若有真宰，而特不得其眹。可行已信，而不见其形，有情而无形。百骸，九窍，六藏，赅而存焉，吾谁与为亲？汝皆说之乎？其有私焉？如是皆有为臣妾乎？其臣妾不足以相治乎？其递相为君臣乎？其有真君存焉？

宇宙万物的主人——内在机制的主导因是什么？不知道，想必有。人身四肢五脏百骸的主人——内在机制的主导因是什么？不知道，想必有。眼耳鼻舌身意不可能无统率地各自为政，当然应有一个力量把它们统一在一起以维持生命的运转，这是一个什么东西呢？庄子没有指出那是一个什么，但指出了其中肯定有一个力量，姑且名之以“真君”——庄子及道家学说是无神论，讲“道法自然”，千万不要把这个“真君”误以为是神或上帝。

两千年过去了，法国的那位世界级思想家笛卡儿为了反对中世纪的神学和经院哲学，主张“系统的怀疑”方法，是“怀疑一切”的祖师爷。他在怀疑中孜孜寻求人生宇宙存在的依据。怀疑到最后，只有一点不能怀疑，这就是著名的“我思故我在”——这是无须再加证明的，并可以从“我在”的这个“我思”中推证与“我”有关的一切的真伪。三百年后，现代英国的哲学大师罗素却对此又发生怀疑，他认为，“我思”只能证明“思”在，并不能证明“我”在；这个“我”是偷偷地、非法越境似的从“思”中偷渡来的。世人们可以嘲笑这些严肃的伟大思想家吗？当然不可以，对他们这种上下求索的精神也实在难以理解——沉溺在商品社会与物欲中的人，谁有精力去胡思乱想呢！何况去探索那个物欲以外的世界。禅宗同样以这种精神在追求："哪个是自己的主人公?"许多禅师在开悟之前，把这个问题贴在鼻头上，不知熬过了多少岁月。

人们可以拥有一切，但这一切仅仅从属于"我"；人们可以失去一切，但这个"我"却刀切不开。全瘫的病人，不瘫的也只有这个"我"。五蕴是"我"的五蕴，六根六尘六识这十八界是"我"的十八界，生死是"我"的生死，喜怒哀乐、荣辱得失统统生于这个"我"，并由这个"我"来承担。这个"我"到底是什么?

佛教唯识学明确指出，这个"我"就是第七识——末那识，而且只是它的一种根本"现量境"。"末那"是对古梵语的音译，译过来的意思就是思量，唯识学对它所下的定义是：恒审思量。恒则延续稳定从不间断，审则检查审核，思量则认识观照。总的意思是无时无刻不对自己的这个存在——包括生命的、精神的，进行监督和管理。不像第六识——我们的这个理智的认识有懈怠、睡眠和休克失念之时，七识可是尽职尽责的守护神。人熟睡之时他仍在工作，不然五脏六腑为什么还在活动呢？生命并不因为理智的失去而失去，植物人不是一样可以度过几十个春秋吗?

唯识学认为，末那识是以阿赖耶识为其存在的依据，又以阿赖耶识为其所攀缘的对象，不断地、毫不稍息地反复度量——人们哪天不照镜子，哪天不对自己和环境进行盘算呢？并把阿赖耶识的一切执著为它的"自我"形相和内容，执著为它的自我个体——实际上末那识仅是从属阿赖耶识的一部分，并且是"见分"的一部分而已。末那识与第六意识根本不同之点在于，第六识是纯理智的认识，而第七识则不具备这种能力，它最大的能力就是对第六识的控制，最根本的性质就是区别"我"和"非我"。五蕴身仅是阿赖耶识的部分限有的实在，末那识则把这个限有的实在执著为"我"，五蕴身以外的世界是阿赖耶识的延伸和"变相"，末那识割裂了阿赖耶识这种整体统一性，把五蕴身以外的世界排斥在外，认为是"非我"。由于阿赖耶识整体统一性的力量同样影响着末那识，加上第六意识全能的认识功能为末那识驱使，所以末那识又要对外部世界进行占有——使之成为“我的世界”。这里末那识就进入了它难以自拔的困境，一方面它本能地把世界排斥在“我”之外，另一方面又本能地想把世界作为“我所有”。这是一切生命存在的本能，生命的存在，如黑格尔所说，就是不断地把外在变成内在，又把内在变成外在的持续过程。失去了这个过程，也就失去了生命。宇宙万物各个不同，各有各的“自性”以区别于它物。末那识则是在生命上、精神上的这种“自我意识”——不过不应与德国古典哲学中所描绘的“自我意识”混为一谈，德国古典哲学的“自我意识”是广义的，有点接近于阿赖耶识，而末那识是狭隘纯粹的“自我意识”，它只有这个根本功能——“我”!

严格意义上的心理学、心理分析学应该是末那识的天下，因为心理的实质意义是情志上的而非理智和认识上的。讲认识，讲理性，讲感觉、知觉、记忆、表象、想象和思维，那是眼耳鼻舌身这五识和第六意识的事。而动机、要求、情绪、情感、意志、气质、性格等真正的纯心理现象和状态，才是第七识——末那识的本分事。

前面谈五蕴时，除色蕴外，受想行识四蕴都仅略提了一些。前面谈“四圣谛”时，除“苦谛”和“道谛”外，“集谛”和“灭谛”也仅是略提了些。因为不把末那识弄清楚，这一切都说不清楚。佛教讲苦，讲修行，讲解脱，都是因为这个末那识而发生的；没有这个末那识，人人都达到了“无我”的崇高境界，那都成佛了，全部佛法就失去了存在的意义。修行修行，什么都容易解决，唯独这个“我”却如铁铸就的一般，万钧之力也难以动摇它半分，不然佛教何须用那个三大阿僧祇劫的漫长修行呢?

“苦谛”的根子是末那识，“集谛”的实质是末那识。而根本烦恼和烦恼的根本——我贪、我痴、我慢、我见，就是末那识的“本来面目”。

说句公道话，任何具体的生命——精神存在，为了维持自己的存在，必然有维持其存在的需求与能源，就不得不调动自己的力量对外界事物进行索取，以求生存和繁衍。这是任何生命体的本能，也是其应有的权利。就这个命根子，生在人的身上就与万物不同了。人号称“万物之灵”，人不仅具备与其他高等动物相同的、高级功能的躯干和四肢——特别具有“手”，还具备远远高于“灵”于其他生命体的智能。生命的根子在于猎取外物以养活自身，这种合理的根本的要求，在末那识里，在被末那识所控制的第六意识里则被无限地放大了，合理的需求变成了“贪欲”。社会的物质文明越发展，这个“贪欲”也就越来越大；“不见可欲，使民心不乱”，这是道家祖师爷的明见。但佛教，特别是唯识学则更加深入其中，探悉它的来来去去，探悉它与整个生命、精神、认识、社会乃至全宇宙的关系。

为了生存，为了扩大和优化自己的生存空间，生命的本能变成了“我贪”；为了生存，为了保护这个生存，为了确定“自我”生存的权利和地位并凌驾于他人他物之上，生命的这种本能就变成“我嗔”；“我”是“我”，并且牢牢把执著抓住不放，沉溺其中，生命的这种本能就变成了“我痴”——佛教又称为“无明”；为了确定“我”的存在理由和价值，生命的这种本能就变成了“我见”，在人类社会中更发展为身、边、邪、禁、见这五大后天熏习而成的烦恼，如极端个人主义、无政府主义及种种离题万里的“人权”说教。

唯识学把末那识称之为“染污识”，就是因为这个“自我意识”天生不守本分，自我扩张，践踏他物，并染污眼耳鼻舌身和第六意识，使原本纯洁清净的这前六种识受其欲性的支配而被其染污。因为有了“我贪”、“我嗔”、“我痴”和“我见”，于是第六意识不知不觉地产生了“我慢”及各种“不正见”，并产生了忿、恨、覆、恼、嫉、悭、诳、谄、害、骄等种种不良心理现象。有了这一切，人们就失去了爱心，社会就难有宁日，“五浊恶世”就是这样的人类“共业”的“果报”。

唯识学在“集谛”中，对这个因末那识而引发的种种烦恼及其因果关系有极为详尽的界说。如烦恼的名数有贪嗔痴慢疑恶见这六大根本类群。烦恼的“自相”即是这六大根本烦恼类群的“自体”。烦恼的“生缘”有六种：一是“所依缘”，即潜藏在阿赖耶识中的那些烦恼

"种子";二是"所由缘",即触发烦恼种子的外部条件;三是"亲近缘",即受自己关系密切环境的不良熏染;四是"邪见缘",即信那些邪见恶见影响而引生的烦恼;五是"数习缘",也就是各种各样的反复熏染。

在《心经》中曾提到"颠倒",这个颠倒的根子就是烦恼。烦恼颠倒在唯识学内又分为七类:一是"想倒",即是处于无常、苦、不净、无我中起常、乐、净、我的倒想,这是在末那识烦恼未断时的一种"阿Q"心态,不是指解脱烦恼后佛菩萨们自在的那种常、乐、我、净;二是"见倒",即是在这种"阿Q"心态中安稳自得,愚执不舍;三是"心倒",不仅执著于"阿Q"的愚迷,还从这种愚迷中再起贪嗔痴等。

其余四种如"无常起常倒"、"于苦起乐倒"等,都是对"倒想"细加分析,总之都是"无明"。这种"无明"型的"阿Q"心态,社会中是屡见不鲜的。

唯识学还把烦恼分为二十六种差别,从"结"、"缚"、"随眠"到"轭"、"取"、"系",一直到"拘碍"。其中任何一种,又有种种说法。如"结","结"有栓结、凝聚之义,其中又分爱、恚、慢、无明、见、取、疑、嫉、悭这九种"结"。"缚"是束缚、不自由义,又有贪、嗔、痴三种"缚"。烦恼的这二十六种差别加之其各自拥有的群类,及其相互交叉的关系,烦恼就多得数不清了,佛教总说为"八万四千烦恼"。而且各有种子,分别潜藏、显现或受熏于阿赖耶识之中,作用于人们身语意三业活动之中,于是组成了《红楼梦》中所描写的那种"孽海情天"。这一切,全都植根于末那识,染污前六识,并在阿赖耶识中"异熟",从而导演出"六道轮回"。人们若是知其利害,发心修道,则可以升入天国,或坐佛土莲花,总之一切关系都是在末那识上。

烦恼并不总是潜藏在阿赖耶识之中,如同大地中的种子一样,一遇外部因缘就会萌发现行,于是就成为"业力"。佛教把业力分为两大类:一是与烦恼有关的"有漏业",二是离开了烦恼的"无漏业"。"漏"是流注和泄漏,特指烦恼的动相,通过眼耳鼻舌身意这"六疮门"不停地流注和泄漏,故为"有漏业"。"无漏业"是经过修持,在末那识根断了烦恼，治愈了“六疮门”，使之变成了清净光明的“三身四智”，再也没有烦恼流注或泄漏了。这样的“无漏业”超出了五蕴之外，不在“苦谛”和“集谛”之中，是佛菩萨们的清净智慧行。

唯识学对“业”也有极系统和深入的分析，如对“业”的体性和总相分为“思业”和“思已业”两种。“思业”是内心的种种分别思虑，属精神心理活动。“思已业”即是“思业”在语言和身体行为活动上的表现，实际上就是佛教通常所说的语业和身业。“思业”就是意业。

人的身语意，从思想到语言和行为，都有善恶这两种属性，业自然就因而分为善业和恶业两大类。恶业的根本表现有十大类：一是杀生害命，二是“不与取”——非法或不正当的获取，三是欲邪行——一切因欲贪驱动的邪恶行为，四是虚妄语——虚假不实的假话、大话、空话，五是离间语——挑拨是非、制造矛盾的流言蜚语，六是粗恶语——失去理智、伤害他人情感的粗暴邪恶之语，七是杂秽语——下流、淫秽等不堪入耳的流氓语，八是贪欲——心念中的各种不正当的欲贪念头，九是嗔恚——各种骄慢、自足、愤恼、怨嫉等心理状态，十是邪见——肚皮里的种种坏水和主意等。与这十恶业分别对应的、相反的就是十善业。

业除了分为善恶两类外，又因众生的“总报”和“别报”不同，分为“引业”和“满业”两大类。总报是大众共同承受的果报，如20世纪60年代初六亿人同饿肚子，“文化革命”中八亿人同遭动乱。“别报”就是各人的智愚寿夭与吉凶祸福。引发总报之业为“引业”——通常称之为“共业”。形成“别报”的业就是“满业”。而众生各种单一“满业”的汇合就成了“引业”或“共业”。

业又因其“现行”与否分为“作业”与“不作业”，身语意之业如已开展其活动，就是“现行”，行为活动、语言活动一经表现出来当然是“作业”，头脑中的意念活动、肚皮里的种种欲念一经产生，也是意业的“现行”，也属于“作业”。

“不作业”是“作业”的停息或潜在状态。

此外还有“增长业”与“不增长业”，“故思业”与“不故思业”，“定受业”与“不定受业”，“异熟已熟业”与“异熟未熟业”，“重业”与“轻业”，“共业”与“不共业”——还细分为“共中共”、“共中不共”、“不共中共”、“不共中不共”等极多的种类。

众生的行为与其果报密切相关，身语意三业的活动，引业、满业、共业、不共业的善恶不共及其相互消长，又有多种不同属性的组合，如身语意三业，善业、不善业、无记业，福业、非福业、不动业，顺乐受业、顺苦受业、顺不苦不乐受业，顺现法受业、顺生受业、顺后受业，过去业、现在业、未来业，曲业、秽业、浊业，与修行有关的还有律仪业、不律仪业、非律仪非不律仪业，欲系业、色系业、无色系业，学业、无学业、非学非无学业等等。

总之，烦恼有许多类别，表现在业行上的各种业就更加数不清了。根本烦恼不外六至十种，而在人类史上所导演的数以万计的悲喜剧，直到今天也远远未到终场。不论古今中外，不论国家、地区和民族，“五浊恶世”的这一定义，这一人类的“共业”与“果报”，在佛教经论中是详之又详的。而这里所谈到的，人们所感受到的，仅仅是冰山的一角而已。

我们说末那识应是全部心理的基础，这可是一点不假。人们面对的是什么？是自己的外部环境。人们以什么来面对这个环境？是以自己的主观精神来面对这个环境。这个主观精神是如何开展其活动的？必有其内在发动的机制。这个内在发动机制的起点是什么？是那个“一念”之动。这个“一念”又是什么？是心理的某种状态。这个状态又是什么？可能是喜怒哀乐，可能是非喜非怒非哀非乐；也可能是贪、嗔、痴、慢、疑，也可能是非贪、非嗔、非痴、非慢、非疑。而这一切，往往都在第六意识——人们的理智认识活动之先而存在于精神——心理之中的。心理学讲冲动、讲动机、讲需求，而这一切，恰恰是末那识的功能。心理学讲情绪、情感、气质、性格，恰恰是末那识对阿赖耶识“见分”及其相应“种子”染污后的稳定乃至定型的“业”的潜在和显现。中国古人爱讲“身心性命”，大讲“心性之学”，其显著特点和重要成分就是对情绪、情感、性格、气质的研究，是对高于理智活动的人格的研究。没有人格，理智就会误入歧途。而心理——末那识的这个“恒审思量”是那么的有力，又是染污之源。通过上面对烦恼和业的详细分析，我们对人的深藏难测的各种心理现象和心理状态，就会有一个较为清晰的认识。

《周易》说：“知几其神乎？几者，动之微，吉（凶）之先见者也。”社会中的吉凶祸福，佛教中所描写的“六道轮回”，无不显现或根植于这个“几”上，而这个“几”，儒家学说并没有说清楚。佛教唯识学的末那识，则把这个“几”揭示了出来，并且放大到人人可见、人人能见的显著位置，让人们知其利害，以发愿修行，顺着释迦牟尼佛所指示的解脱之路，出离生死苦海，达到涅槃的大自在、大安乐世界。

在“四圣谛”和“十二缘起”中，烦恼和业的作用和力量是显而易见的。人们若不对烦恼下功夫加以限制和坚决舍弃，就会在“六道轮回”中辗转生灭。顺随烦恼，只会使自己的身语意充满恶业，导致不可逆转的恶果，起码是受尽世间之苦，乃至坠入地狱。世间苦分为两部分：一是心灵的痛苦，二是命运的痛苦，这在“苦谛”中已经提到了。至于地狱之苦，人们认为是“神话”，是佛教编造出来吓唬世人的。如果对烦恼和业力不灭有清醒的认识，如果经过修持，通过四禅八定和开了“天眼”、“法眼”，并具备了“宿命通”，就会相信和看到这一切。

佛教对众生的行业活动及相应的“果报”都是编好了位次的，都可以“对号入座”的。如行“十不善业”得三种果报。其中一是“异熟果”，坠“三恶趣”，即畜生、饿鬼和地狱道。二是“等流果”，就是行“十不善业”的人，在“三恶趣”中“刑满释放”后，上升回到人类之中，但因“恶习”未尽，相应受到两种果报：不继续为恶的，虽为人身，但却短命，多病多苦；继续为恶的，则再入“三恶趣”“服刑”。若行“十善业”，远离贪嗔慢，不行杀盗淫妄，就可以在人世中吉祥如意，福贵寿考。“十善道”积蓄深厚的，还可以升往欲界六天之中，享受各类天人之福。

在“十善业”的基础上，如果修“四加行”，在“四禅八定”中断离了“食色”二欲，就可以达到“离生喜乐地”、“定生喜乐地”、“离喜妙乐地”和“舍念清净地”这种色界天的境界，从而使自己生往这四种“色界天”中，其精神充满了空明、定智、善心、柔软、喜乐等轻松的解脱感受。在四禅的基础上如修“四静虑”，在“四无色定”中达到了“于一所缘系念寂静，正审思虑”，“所依之境，心无分别”，“摄心一境，离诸色碍”的境界，就可以在“空无边处定”中生往“空无边天”，在“识无边处定”中生往“识无边天”，在“无所有处定”中生往“无所有处天”，在“非想非非想处定”中生往“非想非非想天”。但这一切，在佛教看来还仅仅是世间道，仅仅是“凡夫禅”、“外道定”，仍属“有漏”。因为这一切只是对末那识的功能加以“冻结”而未能“根除”。在末那识污染功能“冻结”的状态下，眼耳鼻舌身意之前六识的功能得到某种净化和转化，自己的业与报也得到相应的纯净和优化，故可以往生于色界诸天乃至无色界诸天。佛教与“外道”的根本区别在于，必须彻底根除末那识的染污，并使人彻底地清净，才能最终超越三界，使自己达到罗汉、菩萨和佛的境界，并安住于佛国净土之中。佛教大讲其“苦”，而最终目的是“脱苦得乐”，佛教若没有“乐”，谁愿意去修行呢？现在一些人认为到香港、欧美生活就极美了，极称心如意了，其实那也是“五浊恶世”，远比不上“六欲天”、“色界天”和“无色界天”，更何况佛国的净土。

一切的根子都在末那识上，人们能用什么力量来打碎这个“烦恼桶子”，净化自己而达到解脱呢？若要修行，又是凭什么力量来战胜末那识的那种“恒审思量”的束缚呢？这就是第六意识——人们的理智，只有依靠它，才能使人们一步一步远离这个污染源，并可以使自己“明心见性”、“顿悟成佛”。

（三）驰骋于“时空隧道”的战车

——三能变缘起的第六识观：理性的是非得失

太古之时，地球上森林密布，草原丰盛，山野沟壑，江河湖泽，无处不是郁郁葱葱。其间鸟类欢鸣，野兽嬉戏，鱼鳖畅泳，大自然一派

“伊甸园”的宁静祥和。

近一万年来，地球上草原稀疏了，森林缩减了，极多的鸟兽绝迹了。江河湖泽浑浊了，从前蔚蓝的天空、洁白的云朵也昏暗了。在大地上，那些被称作“村落”、“集市”的非自然的东西从小到大，从疏到密，不知不觉地迅速发展成为密集的城市乃至庞大的都市。在大地上行走的马牛羊鹿虎豹，在空中飞行的鹰隼雁鹅鸦鹊鹤等，变成了牛车、马车、汽车、火车、双翼飞机、单翼飞机、喷气飞机、火箭、卫星、宇宙飞船。同类同种的雄性动物在繁殖期间用角蹄爪牙的争斗，豺狼虎豹捕食他物的横暴凶残，变成了一种用刀剑戈矛、枪炮、飞机、军舰、导弹乃至原子弹的战争。

这一万年来地球怎么变了样？几十亿年来的地球不是一直是太平安宁的吗？是什么力量、什么因素使地球在短短万年，甚至在这最近的三百年内发生了如此巨大的变化呢？谁都知道，引起这一巨大变化的因素只有一个，这就是人类的理智活动及其突变式的发育和发展，甚至变态的发展。

人的理智真是一个怪物。它能把有变成无，能把无变成有。能把许多毫不相关的东西组合在一起，变成一种新的，对人既有利又有害的，在大自然中原本不存在的一种东西。能在荒原上种植和收获庄稼，能从石头中产生出金银铜铁，能把水和火变成电，进而还变成电灯、电话、无线电、电视、电子计算机。能把一种石头变成镜子，又变成能看到用眼睛看不见的——老鹰和猫都看不见的极细极小的生物乃至天空中那遥远又遥远、数不清数不尽的星星——物体的各种显微镜和望远镜。人类拥有了这一切，极大地优化了自己的生存条件，优化了自己的生活。但人类拥有了这些，也用来算计自己的同类，从小的个人间的吵架、斗殴，到大的冲突、战争；从冷兵器的战争到热兵器的战争；从几百人几万人的战争到几百万人几千万人参与的战争。人真是一个怪物，既那么的可爱，又那么的可恶。

在这善善恶恶的过程中，人类也记录下这一切，也证明着这一切，并从另一方面表现这一切，于是有了史学、哲学和科学；还有了音乐、美术、文学、政治等数不清的学问——文明，人类的文明。

不论是人类的物质文明还是精神文明，都是地球上原来没有的东西，人的理智活动如同魔术师一样，口中念念有词，意念动用之间，这一切就从“无”到“有”了。有一类人，疑惑地看着这一切，更多更多的人，根本就不知道这一切，如同长江中的水分子，相互拥挤着、顺着河床疾速地流向下游。下游是什么呢？是大海。而人类文明之流的最终归宿——这个大海又是什么呢？这可能是没有人知道的结论。古往今来，无数哲人和思想家都深思过这样的问题，但大多都得不出结论。有的虽有见解和结论，但几千年之后，或几百年、几十年之后，社会的发展却并不符合他们的“圣断”，或“科学的预言”。佛教认为这一切都是“俗谛”而不是“真谛”，人类在“俗谛”上用人的理智去穷尽万物的“所有性”。离开了佛教的“真谛”，用人类有限的、受局限的理智去穷尽宇宙万物的“所有性”，并为人的欲望服务，必然会带来歧路亡羊的茫然感和危机感。我国先秦时曾有一个歧途亡羊的故事，载于《列子·说符》：

> 杨子之邻人亡羊，既率其党，又请杨子之竖追之。杨子曰：“嘻！亡一羊，何追之者众？”邻人曰：“多歧路。”既反，问：“获羊乎？”曰：“亡之矣。”曰：“奚亡之？”曰：“歧路之中又有歧焉，吾不知所之，所以反也。”杨子戚然变容，不言者移时，不笑者竟日。

邻人丢失了一只羊，那么多人去找，竟找不回来，这件生活中的小事，竟使当时与孔孟老庄齐名的大思想家杨朱先生陷入了沉思。后来他的学生问他为何，他却如同后来老禅师们一样——不作任何解释和回答。

杨朱的担忧，是怕后人对于大道不知回归根本，在歧途上越走越远。无独有偶，两千多年过去了，在20世纪80年代，一位西方的学者拉里夫·赖教授在《和未来相撞》一文中又表达了一种现代“歧路亡羊”的忧思：

> 任何人，即便是现代科学家中最有才干的人，也不能真正知道科学会把我们引到哪里去。我们乘着火车奔驰着，速度越来越快；路轨分叉越来越多，方向不明。驾驶室中没有科学家，每一个指针背后都潜伏着危险。社会的多一半人都在最后一节车厢中向后看。

这段话非常形象地刻画出现代人类社会的处境。近两百年来，没有任何东西能像科学那样给人类社会带来这么大的进步和富裕，新的知识和信息如同潮水一样不断涌入人类文明这个“水库”，而这个“水库”的容量到底有多大，其堤坝的承受能力又有多大呢？最新的科学调查提出了一个质询：如果全球50亿居民的生活水平都达到发达国家的水平，起码人类要耗费掉30个地球——人类仅有的这个地球承担得起吗？何况人类的欲望如同安装了火箭推动器一样地向前猛奔。

生态危机、人口爆炸、艾滋病、恐怖主义、核威胁、生化武器——这大多都是现代科学所滋生出来的恶魔，已严重地威胁着人类乃至整个地球生命系统的安全。人类在下一个世纪的前景如何呢？科学是那样的令人神往和充满希望，但同样给人类造成了空前的不安和迷惑。

人类正走在这样一个歧路口上。

人类将怎样面对这一困境呢？

庄子是古代中国最伟大的几位思想家之一，发表过许多令人意想不到的奇谈怪论。这些奇谈怪论，打破了人们习以为常的思维程序，可以把人类的精神引向一个更为宏大和清新的世界。如他在《逍遥游》一文中说：

> 小知不及大知，小年不及大年。奚以知其然也？朝菌不知晦朔，蟪蛄不知春秋，此小年也。楚之南有冥灵者，以五百岁为春，五百岁为秋；上古有大椿者，以八千岁为春，八千岁为秋。而彭祖乃今以久特闻，众人匹之，不亦悲乎！

在《逍遥游》和庄子的其他文章中，庄子一再让人们明白如下的问题：一是人类自身，乃至一切生命现象，各有各的认识层次，彼此间是难以会通的；仅就人类自身而言，因其环境、立场和方法的不同，也会出现认识层次上的差别；而认识层次上的差别，往往是先天因素造成的。二是人类自身，乃至一切生命现象，其认识都是有局限的，圣人也不例外。所以庄子在《齐物论》中发出了这样的感慨：

> 有始也者，有未始有始也者，有未始有夫未始有始也者。有有也者，有无也者，有未始有无也者，有未始有夫未始有无也者。俄而有无矣，而未知有无之果孰有孰无也……六合之外，圣人存而不论；六合之内，圣人论而不议。春秋经世先王之志，圣人议而不辩。故分也者，有不分也；辩也者，有不辩也。

这不是诡辩，也不是庄子的相对主义，这是人类意识形态与能力的客观存在。康德说过，人类在认识客观世界之时，应首先检验一下自己的手段与能力——庄子则在两千年前首先明确地向人类提出了这样的问题。

庄子曾回答过这样的问题，他的答案是中国式的，当然是中国道家的答案，这就是——道，只要人们回归于大道，一切问题、一切疑惑都可迎刃而解。

道家的道是恍惚的，迷离的，不确定的，对一般的人而言，比上述问题更难以让人入手。得道是神仙们的事，凡俗之人哪有这么大的福气，又哪来这么大的智慧呢？总之，道是高高在上的，使人可望而不可即。

佛教则不然，它对上述的问题有思路清晰的解说，如同一门生命和精神的科学，用逻辑的、现实的、人人均可直接体验和确定的道理，不厌其烦地向人们解说这一切的原因、结构及其后果，并让人们在善恶、迷悟中进行自由的选择。前面我们曾介绍了阿赖耶识和末那识——这似乎还与真正的理智无关，这里我们就以佛教唯识学的眼光来认识一下人的理智活动及其自身在唯识学八识系统中的排列，它是“老六”，即第六识——意识。在八识系统中，只有它才有资格以意识命名。

眼识依于眼根，缘于色界，故名眼识；耳识依于耳根，缘于声界，故名耳识；鼻识依于鼻根，缘于香界，故名鼻识；舌识依于舌根，缘于味界，故名舌识；身识依于身根，缘于触界，故名身识。它们各有其单一的内在依据和所缘的外部环境，才能产生各自的“识”的功能，并且互不混淆。意识也有内在依据，就是意根；也有所缘的外部环境，就是“法界”。

严格的唯识学说认为，阿赖耶识虽具多种“识”的功能，但其“恒而不审”，只能作为超时空的一种混沌精神实体存在，与庄子笔下描写的那个没有七窍的“混沌帝君”相似，不能直接发起认识活动。而末那识则“恒审思量”，执著这个“我”毫不间断地进行“自我意识”。但这种“自我意识”又仅仅停留在狭义的“自我”上，超出这个“自我”，它就没有雅兴，又没有那个功能了。唯有被称之为意识的这个第六识，则能对八个识进行观照，也能对外部世界的“一切境”进行观照，如同孙悟空一样神通广大，变化无穷，能大能小，能深能浅，的确值得人们留意。下面看看这个使人成为“万物之灵”的“灵”，到底是怎么一回事。《唯识三十论》云：

次第三能变，差别有六种。
了境为性相，善不善俱非。

其他的不用多说，这里只就“了境”作一番说明。“识谓了别”，这是唯识学对眼耳等前六识所下的“共义”。“了”就是明了，就是对事物所作的判断和认识。“别”是区别、识别、分别。“境”指一切外部或内在的事物。不同的事物各有各的形相、大小、状态等色、声、香、味、触、法等“类别”的、可以相互区别的“自性”，人们可以通过相应的眼耳鼻舌身意这六种识对其进行感觉和认识。这种认识不是死的，不是僵化的，而是活的，可以变化的，所以称之为“能变”。阿赖耶识的那种种动能，更能把自己变成相分、见分等，所以叫“初能变”；末那识能把阿赖耶识的部分见分变为自己，变为“我”，变为“恒审思量”，变为种种烦恼，所以是“二能变”。而眼耳等前六识则能把外面的事物变成自己的感觉、认识和思维的内容，第六意识更能对这些内容进行改造，所以叫做“三能变”。

意识能够“了别”，这是它的“自性”；“了别”是在“随念”——在受、想、思这些精神内容中进行，这是它运动的状态；而“计度”——分析、归纳、演绎、综合等推理，则是它的功能。

前面我们说，心理学的基础是建立在末那识基础之上。在这里可以说，逻辑学、哲学、数学及其相应的科学是建立在第六意识之上；而物理学、化学等，则建立在第六意识和眼耳鼻舌身共同起用的基础之上。文学、艺术、美术、绘画等，重心在于末那识——因为其中情感成分占主体，而理智活动反而常常处于从属和次要的地位，而体育、音乐、绘画、雕塑等，则离不开眼耳鼻舌身识的积极参与和投入。

理智的根本性能在于其逻辑性，逻辑是人类的天赋。佛教唯识学认为，人类的理智和逻辑能力，一方面是因第六意识而存在，另一方面必须依据阿赖耶识中的“种子”而得以展开，现量、比量、非量等认识的质，先就含藏在阿赖耶识中了。因为不同的“种子”，决定了不同人的智力趋向不同，或文或武，或工（工技、工程等）或农（农林牧等），或数理化，或商业、财税、行政，或文学艺术等等。因不同的“种子”，还决定了不同人智力的高低和成熟的迟速，有的人先钝后慧，有的人先慧后钝；有的人时而钝，时而慧；有的人在某些事物上具备高智力，在某些事物上智力又低于常人等种种差别。

这里不是讲逻辑的专题，当然用不着对逻辑的范畴、演绎作多余的介绍。佛教讲第六意识，其功能当然具备逻辑的这种理智。但因其重心在于说明人生宇宙的实相，在于说明解脱之路——在这些问题上佛教对逻辑和理智不仅是极尽其用的，而且还专有“因明”这一详尽的学科。这里需要着重介绍的是与人们休戚相关但却熟视无睹的第六意识的其他方面的重要性能和结构，但愿读此书的人能有兴趣细读下去。

因果是逻辑学中的一对范畴，是认识和经验得出的，也是自然事物所具有的一种属性和规律。但佛教大讲因果，“四圣谛”是两层因果关系，十二缘起本身就是一条因果链。而认识到这种因果关系的，为世人指示解脱之路——苦海和乐土因果关系的，也恰恰是这个第六意识。也就是说，佛教讲因果，远远超出了哲学和逻辑学的范畴，而是基于人生宇宙、生命流转、地狱天堂、凡夫菩萨这种种对应关系，基于修行而讲的。佛教讲因果远为复杂，在因果中包括了因、缘、果、报四大部分。仅因就有所依和所缘，有同境依和分别依，有染净依和根本依，还有共依、不共依、共中不共依和不共不共依等，还有无间缘依、缘境、生缘等种种分类。这仅是认识活动得以产生、开展自身所应具备的一种因果关系中的因而已。而果就包括了欲界六趣、色界四天和无色界四天，乃至佛菩萨的净土。

要知道，第六意识也是阿赖耶识见分的一部分，其运动状态是“审而不恒”，它虽能对内外事物进行了别和认识，但却有间断性，需要休息，如睡眠。为区别它的工作状态，唯识学把它分为明了位、散心位、睡眠位和禅定位这四种状态，分别具有明了意识、散乱意识、睡眠的有梦意识和禅定意识等相应的功能。

第六意识又可分为两大部分：一是“五俱意识”，即分别与眼识、耳识、鼻识、舌识、身识的活动相应。如眼耳鼻舌等得到的感受和判断，立即转化为意识的感受和判断。这样的意识活动与眼耳鼻舌身的功能相应，并随之而引起，故名“五俱意识”。“五俱意识”对外境的明了，就是“现量境”。二是“独头意识”，包括了散心位、睡眠位和禅定位三类，即这种意识活动的开展，无须眼耳鼻舌身这五识作为中介，自己直接以八识内所藏的内识种子为缘，如回忆、联想等，并可以在回忆和联想的基础上进行“比量”的推理活动，也可以进行“非量”的思维活动。“五俱意识”离不开对外部事物的依赖，“独头意识”无须有这种依赖，可以自由自在地发挥其作用，能覆盖一切“心所”——一切精神的内容和范畴，一切物质的内容和范畴，并能突破时空的隔障进入过去、现在和未来，也能对“实法”和“假法”进行创作或审核。

人们对于作为“万物之灵”的灵——理智活动是熟悉的，但对理智的结构及其过程则所知不多了。不是专职的研究者，没有对思维现象进行持久观察和体察的，是难以洞悉其来龙去脉的。的确，理智及思维，来无迹，去无踪，忽天忽地，忽东忽西，天知道里面究竟是怎么回事。

在现代一些科幻作品，特别是针对少儿的科幻电视中，常常有“时空隧道”这样一种奇特的、令人惊讶和神往的场面：人或某种飞行器，在某种“场”的作用下，可以立刻进入宇宙空间的任何地点，不论地球或地球以外的其他近的或遥远的星体；可以立刻进入任何一个时间断层，不论过去、现在、未来，也不论百年、千年、万年。它可以把人们带入白垩纪的恐龙时代，带入美国独立战争或拿破仑时代，也可以把人们带入未来世界。这样，既可以与自己的各代祖先交流，又可以与后代末子末孙辈交流……时空隧道突破了人生百年这一生命的限定，也突破了地球对人生空间的限制，极大地扩充了人的生命——精神领域。可惜的是，这一切仅仅是科学的幻想，要进入时空隧道，就必须突破爱因斯坦相对论中的光速这个极限的规定，而光速是不可超越的。

不过人们大可不必灰心，时空隧道是存在的，并不受光速的限制，也不必为那些“技术”费心，每一个人都拥有一个时空隧道，这个时空隧道不是别的什么东西，就是人人都具有的这个意识——第六意识。时空隧道所通往的多维空间和时间，就是第八识——阿赖耶识。下面我们将就此作出相应的介绍。

人们对时间这一范畴，是用多种尺度来衡量的：自古以来，人们熟悉的时间是地球自转一周为一天，月亮圆缺一次为一月，地球绕太阳一周为一年——并顺应这种日地关系从事农业生产和生活；现代物理学的发展，又以光速作为时间的尺度，用以衡量银河系，乃至河外星系及宇宙的演化；同时又以放射元素的衰变为时间的尺度，用以测量文物、地质的年代乃至各类星体的年龄。这本是三个不同层次的时间范畴，人们却把这三者统一在自己的感觉和经验中，换算为日地关系的这种年月日时分秒乃至百千万亿分之一秒。

其实这一切时间观念都是“比量”，都是对各种不同关系物体运动所作的时间上的假设，这些“比量”并不能进入人们直觉的“现量”，人们能对时间产生直觉“现量”的只有一个，这就是“现在”。

“现在”这一“现量”的时间感受，就是时空隧道，没有“现在”

这个时间点，一切精神现象都无从开展。下面，我们结合意识的四种状态，来看看“现在”这个时空隧道。

现代心理学把人的意识分为两大部分：一是意识，即明了意识；一是无意识，或称为潜意识。对明了意识的理解不难，任何人都有注意力，只要把这个注意力投向所需要观照的事物，这个事物就会在意识中明白起来。在意识中明白起来的事物，或得到察觉观照的事物，就是明了意识——在这里，功能和内容是结合在一起的。人们的思想、思维、心理等，莫不经常处于明了意识之中。而无意识则是精神中的黑暗或阴影地带，尚未被意识所照明，或不能被意识所照明，但却在冥冥中对人们的精神、心理乃至命运和生命发生作用。心理的咨询和治疗，就是要在这个冥冥中找出头绪，对症下“药”，引导人们保护和进入健康的心理状态。

在佛教，特别是唯识学看来，心理分析有它极大的优点，但对人的心理的认识显然不是全面和系统的。明了意识只是第六意识的一个状态而已，唯识学认为它具有“了别”作用，就是能进行感觉和思维，具有推理、判断、联想、回忆等多种功能。“今天我的头脑很清醒”，“现在心里乱得很”——人们很容易对明了意识的状态作出判断，人们都希望以最清醒的头脑和最佳的思维状态投入工作以取得成绩。

一个人不可能在24小时内保持精力不减，因为意识太容易疲乏了。疲乏的意识很容易丧失其“明了”的功能而进入散乱意识状态或进入睡眠状态。

散乱意识由两个现象组合在一起：一是精力不集中，不能对事物进行有始有终的观照。思维的逻辑程序常常被中断，从一个事物不知不觉地转到另一个事物；也就是思维不能形成焦点，时而在此，时而在彼。二是虽然处于这种状态，心里还是“明白”的，对那些在头脑中来来去去的、没有形成思路的各种事物，都有观照，虽然是漫不经心的观照。这也是末那识——自我意识对理智控制和监督的减弱。意识的这种状态，佛教批判为“昏沉”和“掉举”。如果善于利用的话，处于散乱意识状态中还是可以使人获益的。

在散乱意识状态下，逻辑理智的力量减弱了，使理智不能独占“心地”，一些潜伏在阿赖耶识深处的“种子”得以逸出，浮现在意识朦胧的观照中。许多“种子”一掠而过，意识似乎对它们不加留意。但有些“种子”的浮现却惊醒了意识，并把这些“种子”牢牢抓住而细加观照。特别是日常生活和工作经验之外的某些“种子”的浮现，可以打破自己熟悉的、长期受局限的认识领域，把人带入一个新鲜奇妙的世界，把人引入一种新的思维空间。

一般人难以把握这种思维的混乱，但有一类人，如艺术家、诗人和一些科学家则不会轻易放过这种状态。有经验、成熟的艺术家、诗人常常不自觉地利用这种散乱意识状态——不停地变换思维的角度和立场，并暗暗地使明了意识引而不发，以捕获那些突如其来的灵感及创造的新思路和新内容。

睡眠位有两种状态：一是无梦睡眠，一是有梦睡眠。无梦睡眠是意识的潜沉，意识的“明了”作用消失了，隐伏了。“但愿长醉（睡）不愿醒”，对痛苦难熬的人来说，这是一种临时的解脱；对于劳累的人来说，这是一种休息。不论解脱还是休息，都可以说是对意识的一种“保养”，它当然乐处其中。而有梦睡眠则有梦中意识的存在。与散乱意识不同的是，理智和逻辑的力量更弱了，控制和督促理智活动的末那识——我的自我意识也更弱了，因此梦中意识较散乱意识更加自由一些。在梦中潜藏在阿赖耶识深处——比散乱意识更深一层的“种子”得以浮现，这些“种子”是深藏于阿赖耶识中的业力的信息，多数是过去，少量是现在或未来的。由于理智和自我意识控制的减弱，这些“种子”所带来的梦往往是大胆的，自由的，平时自己不敢想、不敢为、不能为、不可为的许多事情，都可以在梦中得到实现（发泄、兑现、了愿）。有些梦以情为主，深藏的欲望肆无忌惮地在梦中显现；有的梦以境为主，常常被引入一种既熟悉又陌生，似经历非经历的人事环境或自然环境中。有少量的梦，是未来“种子”的浮现，这是未来信息的一种超前显现，并在以后的生活中落实和显现，给人带来莫大惊讶。于是就有人因之而致力于对梦的预测和研究——弗洛伊德心理分析把梦理解为潜意识作用，但没有阿赖耶识“种子”学说这样严密和清晰，心理分析中许多难解的问题都可以在这些“种子”中得到解答。

一般的人因梦境带来的苦乐二境可以产生相应的恐惧或欢快，但这都是短暂的，“如梦如幻”嘛，何必认真呢。有的人却可以在梦中进行创作，中国古代有一些诗人记录了不少梦中所作的诗，如苏东坡就有不少梦中佳作。有的音乐家可以在梦中作曲，或记录梦中所感受到的音乐再加修改和完善。有的科学家可以在梦中解决多年来难以解答的问题，如俄国门捷列夫在梦中破译了元素周期表等。当然，有不少业力信息的“种子”在梦中意识或散乱意识中一掠而过，没有给人带来什么感受，这类现象叫“刹那灭”，因其与“现在”的因缘太远或是“无记”性的，没有“现在”的业或果的作用，人们对它当然也就谈不上什么了。

了解以上这些，能否产生对时空隧道的一种感受呢？在散乱意识和梦中意识中，人们突破了常规的心理状态，打破了常规的时间和空间状态，不自觉地在其中出入——时而过去，时而未来；时而破——对事物砸碎或分解，时而立——对事物进行调整或组合。不论意识怎样在事物的时间和空间中运行，不论它进入过去或未来，经过和处在的位置必须是——现在。

西方有的学者把人的意识比做透镜下面的光圈，其焦点是明了意识，离焦点越远，意识的作用就越黯淡。其实，人们原无所谓有意识，也无所谓无意识。但有了“我现在正在思维观照”这样的精神状态，才能形成这种意识的焦点，焦点所及之处就成了明了意识。但人们心中的这个活生生的“现在”和意识的这个焦点，则是不断地在时间和空间中运行的，这个“现在”不仅仅停留在时间的这个现在中，它可以进入过去——考察和研究古代史、古地质等，也可以进入未来——研究未来学，描绘未来的蓝图。当我们在晴朗无云的夜晚欣赏天空中灿烂的群星时，你可知道，那无穷无尽的星星，绝大多数在“现在”中带给我们的信息都是几年、几百年、几万年甚至几亿年前的，我们在“现在”中所得到的是过去。同时，许多星球——当然是恒星，它们的这种过去，恰好正是我们太阳的未来。太阳的未来就是地球的未来，也是人类的未来。一些不同演化阶段的恒星，同时在“现在”中演示了太阳的过去、现在和未来，自然的法则是平等的，没有谁能特殊。

意识的焦点在“现在”这种状态中运行，如同一束光，所及之处是光明——明了意识；未及之处是黑暗——无意识、阿赖耶识中所含藏的无穷种子都潜伏在黑暗的秘宫中；这束意识之光不停地在黑暗地带中运行，于是形成了一条光明的轨迹。随其运行，黑暗的某些地带得以照明；随其过去，那些曾被照明的地带又重新沉入了黑暗。总之，能为“现在”所观照成为明了意识的永远只是其中极微小的部分，而且离不开这个“现在”，离开了这个“现在”，明了的东西立刻会陷入黑暗的无意识深渊之中。好在人类文明的发展有了语言文字，可以把这些在“现在”中得以明了的东西积聚起来，联串起来，使人类得以有今天值得骄傲的那些知识。现代计算机的应用和发展，更使这个“现在”极大地充实和放大。但这一切，在全人类的内蕴之中，在藏有“一切种”的小宇宙——阿赖耶识中，又有多大的分量呢?

佛教的修行，就是要打破——扩大“现在”这个时间点，在刹那间洞见整体和全部的意识，解脱于时间轨道的束缚。所以佛教认为，见道开悟的人，是没有无意识、潜意识的；一切智、一切种智、大圆镜智的获得，就是把一切变为“现在”的明了意识，再也不用在时间和空间中周旋了，再也没有睡眠和散乱意识了。

佛教的“空有”观，对认识这个现象有极大的帮助。无意识相对而言是“空”——尚未能被明了意识所感知确认；明了意识是有——得到了感知和确认。但无意识中的某些内容进入“现在”，为“现在”所观照时，它又是“有”，当它离开了“现在”而逝去时，它又是“空”。所以不论明了意识或无意识，就其本质而言，都是“非空非有”的，或“即空即有”的，这一切，都是人们受局限的意识所演出的影像、幻象。所以佛教进一步说，这一切都是“空”、“一切法空”，这是对时空隧道的自由和自在。佛经上常说，佛观三千大千世界，如观掌上之果，或说，纳大千世界于芥子中等等，把时间和空间一口吞尽，这是多么伟大的意识力量!

人们的意识状态，除了上面所说的明了意识、散乱意识和睡眠意识之外，还有一种是定中意识或禅定意识——这对一般人来讲就太陌生了，还可产生若干怀疑。其实这种定中意识人们也是熟悉的，只不过多数人未能深入罢了。定是稳定、确定和坚定，是思维不受干扰而显示的清彻和明亮的状态。“定”在佛学中的定义是“心一境性”，就是心和境平等相持，心专注于境，不生变易。也就是还事物的本来面目，如同明镜照见事物时，并不对事物进行剪裁和增损。定还是一种专注的精力，不受外界的干扰，使意识保持明了稳定而不散乱。在生活中，若说某人有了“定力”，临大事不乱方寸，这样的人必然是卓越的。定又是认识确定后的信念，稳固而不动摇。定还是意志的抉择，确定意志的走向，是魄力的源泉。所有这些，人们并不陌生，但要在佛教“定学”中深入，则是另一番光景了。

严格意义上的“定”是指意识对时间和空间运动的停止或“冻结”。定相对于动，动指意识之动，意识停止运动的状态就是定，禅宗常说“言语道断，心行处灭”，从狭义上来理解，就是这种定，“言语道”就是“心行”的轨迹，就是思维的活动，定是思维活动的中止和停息——绝不是成为白痴或死人。

人们习惯于思维的活动，绝大多数的人都是处于被动思维状态中——管不了自己的意念活动。该集中精力时不能集中精力，该认真工作时不能进入认真状态，想排除烦恼情绪老是排遣不了，想睡时往往睡不着。人们经常处于头脑不听指挥的这种无可奈何的状态中，要定谈何容易。无怪那些练“气功”的人常说：“怎么老是静不下来呢?”

是的，没有经过严格和刻苦锻炼的人，是难以进入“定”这种超级精神状态的。要使自己的意识活动如同高速运行的列车忽然在轨道上停止不动，不是“刹车”这一控制器可以控制的，其中的机制要复杂得多。因为意识——第六意识的活动自己并不能作主，它的主人是第七意识——作为自我意识的末那识，末那识是第六意识运动的原动力。不论意识处于哪一种状态之中，也不论是明了位、散心位、睡眠位甚至是禅定位，末那识都在暗中发挥着主宰的作用。没有末那识的贪、嗔、痴等作为需要和冲动的执著，明了意识，甚至禅定意识都难以有贯穿到底的动力。而散乱意识和梦中意识也是因末那识的暗中牵动而东奔西跳。贪，美曰“理想和希望”；嗔，美曰“人格志气”；慢，美曰“荣誉”；痴，美曰“毅力和忘我”；疑，美曰“对真理的真诚而必须对知识进行检验”，这五大“根本烦恼”都是驱使意识亡命工作的动力。所以不对末那识进行一番整顿和调理，不对意识之火釜底抽薪，要想进入禅定乃至高层禅定是不可能的。

但众多的禅定实践者并非是根治了末那识而进入禅定的，修禅入道，这本身也是末那识的那种贪欲和执著——这是比世间荣华富贵更大的贪欲——企图长生不老，成佛成仙，其价值就不可同日而语了。所以佛教常以“黄叶止啼”来自嘲，婴儿哭了，要东西，大人没有，于是顺手从地下拾起一片枯黄的树叶交到婴儿手中，婴儿手上有了这片叶子，也感新奇好玩，于是就止住了啼哭。一般人习禅入定，大多出于这种心态而进入。

既然是定中意识，就不是止如死水，必须有意识的存在和活动。初始的定可同时出现两种现象，其实就是心和境——意识和意识面对的对象。当心境交融互动，也就是意识随着它所观照的对象展开活动，或所观照的对象随着意识的活动而呈现自身内容时，就是思维活动的开展。定是这种活动的停息，意识仍然面对着事物，但却处于静止状态。定中意识也是一种独头意识，不缘五根五尘。但初习定时，阿赖耶识中的表层乃至深层的“种子”都会浮出，对意识进行干扰。若意识没有静止“定”位，就会随念头起伏而展开意识活动；若“定”位了，那些“种子”——念头任它来来去去，意识并不因之而展开活动，这就可以算得定了。在这样的定中，意识虽没有开展活动，但对那些来去的念头却是明了的，如同在街市上匆匆过路，眼耳虽可见到各种境象，并且清楚明白，但并没有引起留意，也没有牵动思绪一样。所以禅定意识的初起阶段，是有境有象的，只是意识定在那儿“不动心”而已，一“动心”随念，这个定就失去了。

其实，定还是一种超强力量的明了意识，在有了相当的定力时，可以比较自由地深入阿赖耶识，在那个黑暗的秘宫里尽情地浏览，所谓“通三世，阅古今”的宿命通，就是深入禅定的结果。在定中，意识更如一辆驰骋于时空隧道里的战车，四面八方任来任去，好不自在。但禅定意识所得到的是现量不是比量，因为一进入比量——思维活动，就失去了禅定本身的意义。

（四）通往天国和佛土之路

——禅定意识和般若中观的合璧：略谈止观

阿赖耶识、末那识和意识这三种不同层次的“能变”之识，各有其属性和特性，并一体地展现为人生宇宙的真实相——“三界唯心，万法唯识”，这是佛教不可动摇的信念。

作为三界中最低层的这个欲界中的人，既处于“五浊恶世”之中，又沉溺于“生死苦海”之内，怎样才能使自己解脱呢？佛教说，必须“断烦恼”，只有斩断了烦恼，才能了生死，才能达到涅槃和解脱。烦恼的根子在于末那识的“我执”，而人的理智——第六意识尚处于其奴役和污染之下，阿赖耶识内善善恶恶的业力种子——烦恼又是无穷无尽，这个烦恼又怎么断得了呢？佛教认为，这就必须通过禅定和般若双管齐下的方法，加强和优化第六意识的理智力量，使它不受末那识的污染和控制而独立。进一步再使这个得到强化和优化的理智来转动末那识，使之从狭隘的“小我”中解放出来，回到宇宙大我之中——明白和达到“无我”的境界。佛教常讲“六七因中转，五八果上圆”，只要第六识和第七识得到了转变——依照道谛三十七道品修行所获得的成就，就可以使眼耳鼻舌身这前五识，这个欲界的有限的、有生死的肉身感官，连同那个在生死中流转不息的第八识阿赖耶识，圆满达到佛菩萨们的解脱和自在的境地，并可长居极乐净土，永离尘世苦海。

其实禅定和般若都是第六意识自身的内容，对于一般人而言，只是太微弱了，没有什么力量，甚至一般人还感觉不到自己本来就具有这两种伟大的力量。

般若是依照“佛言量”（也叫“圣言量”）——佛菩萨们把修行的

经验和成果转告世人的一种调整意识结构和价值观念的特殊思维方法，说穿了就是对明了意识中的理智进行最佳的优化。般若的核心是“空观”，只有“空”，才能砸碎那个牢牢束缚人心的“我执”及种种贪欲，才能照破“无明”，才能引导禅定一步一步、一层一层地达到佛菩萨所指示的归宿。

禅定是定向的、强化的明了意识，是不依赖眼耳鼻舌身的一种深层意识力量。如果不遵照佛教的般若法门和三十七道品作为指导，修习禅定也可以取得巨大的成就，但只是凡夫禅的成就。若遵照般若指示的禅定，则可以通过小乘禅、大乘禅、无上乘禅的途径，从而使自己“转凡成圣”了。这就是佛教中所说的：“行果相应”——行为和果报是分不开的。八识的活动，都与相应的界趣相关，这里先对眼耳鼻舌身这五种识作点补充说明。

前面着重介绍了六七八这后三种识，而疏漏了前五识，在佛教唯识学中，对眼耳鼻舌身五识都有相应的解说。如眼识的生起，即视觉感受的产生，唯识学认为必须是具足“九缘”，也就是九种条件。一是空——眼根对所观察的物体没有实体障碍，必须保持在眼识所能生起的空间距离内。二是明——必须在光线的照耀下，黑暗中眼识就不能生起。三是根——作为净色根的眼根，必须不是盲人或有眼病不能视物，也就是具有健全的视觉器官。四是境——即为眼识所观照的事物。第五是作意——眼识必须具备注意力，不然就会熟视无睹。第六是根本——根本即是第八识。黑格尔说过：“离开身体的手只是名义上的手。”同样，离开了第八识的眼识也只是名义上的眼识而已。第七是染净——染净即第七识，因七识的染净不同，眼识所得到的“识”也会有染净的不同。如看见一条狗，有人或许喜欢，有人或许害怕。第八是分别——分别即第六意识，眼识所获得的信息，必须由第六识来作处理。第九是种子——种子是亲生眼识自体的功能。如色盲就是眼识种子有所欠缺，不同的人对不同色彩光线的好恶取舍不同，都与眼识的内在种子相关。

唯识学认为，在这九种缘中，缺少其中任何一种，眼识就不能生起作用。若修成了“天眼”，就可以去掉空与明，“天眼”因其特殊识力，可以如X光一样在黑暗中或隔障中观照事物。

前五识对九种缘各自依赖不同，如耳识不依赖光明，黑暗照样可以听，但其他八种缘则不可缺少。鼻舌身这三种识，可以不依赖空间和光明，因为这三种识的实质都是触觉对其相应的境必须直接接触才能发起，空间和光明对它们是多余的，但其他七种缘也缺一不可，而第六识也有所依之缘，即根、境、作意、根本和种子这五种。七八二识则须缘四种缘而生起，即俱有根、所缘境、作意和种子四种。

唯识学认为，在八个识中，鼻舌两识是欲界特有的产物，色界和无色界不需要它们。因为鼻舌这两种识是以香和味为所缘之境，这只存在于欲界众生贪求口味的饮食——佛教称之为“段食”—— 一日三餐，有食有泻。欲界上至三十三天，下至地狱众生，都处于“民以食为天”的生命状态，食物是其养命之源，香、味与食物相关，故鼻舌二识必有其用，也非用不可。但色界天人在初禅天以上，已经不需要“段食”了，他们是以意为“食”。既不需要凡间那类饮食，所以就没有香、味这两界的存在，相应的鼻舌二识也就无需其用了。剩下的眼耳身三种识，也是仅存在于欲界众生和色界初禅天，因为在二禅天以上，心意中已离开了“寻伺”，没有那种对外部环境进行认识的冲动和好奇，可以说是“心如死灰”了，所以连眼耳身三种识也无用武之地，可能也都“退化”了吧！而六七八这三种识则遍通于欲界、色界和无色界。七八这两识降生在哪一界，其识体就与哪一界相适应。只有第六意识如同孙悟空一样，可上可下，不失其自由与灵活。

“三界唯心，万法唯识”，“心生种种法生，心灭种种法灭”，这是佛教的“决定见”，如同三法印一样是不可改变的。五蕴八识十八界，都是“唯识所变”，明白了八识与三界的关系，就可以知道修习禅定的相应归宿，及调动第六意识功用的重要性。

人们可以发现一些现象，一个厨师在操作时，可谓“六根并用”，“六识俱起”——眼在看，耳在听，鼻在嗅，舌在尝，足不停，手不住，心里还不停地盘算着油盐作料及色香火候。音乐家眼耳身意并用，重点在耳与意；画家眼手（身）意并用，着重点在手（身）与意；运动员眼、耳、身、意俱用，重点在身与意。六识俱有其特殊的功能和范畴，只有第六识任运于一切境之间而不可或缺。

但意识也有其不起作用的时候，如无梦睡眠和休克，这是人们所了解的。另外与修行有关，如在色界的无想天，那是修无想定的天界，因为厌恶粗糙烦乱的想，以“想灭”为目的，所以第六识不能生起。另如进入了灭尽定的修行者，那是达到了无色界第三等果位的“有学位”圣人和“究竟道”中“无学位”的阿罗汉，在伏灭或断尽了“无所有处天”这一层的贪惑后，依“有顶游”观无漏为加行，由“止息想”的作意为先，令那些或断或续、极细极微的烦恼命根灭绝，所以叫“灭尽定”，在这里第六意识是不允许现行生起的。再往上一位，到了“非想非非想”定，处于非有想非无想之间，第六意识若有若无，“寂静美妙”——已经接近涅槃了。

所以，以禅定为手段，可以把自己从欲界这个低层次的苦海中提升到色界和无色界这两种“轻安妙乐”的上等天人阶层。修行四禅八定可以升往色界和无色界诸天。如果这些禅定没有佛法般若的力量，那么不论处于色界还是无色界，仍然都是凡夫。“三界不安，譬如火宅”，不论何等高级的“天人”，也不论其禅定有多深，如没有修持般若，那么对烦恼就没有断根灭尽，如同冷冻或冬眠的种子和生命一样，一旦解冻和眠醒，这些烦恼种子就会迅速生长蔓延，使自己再一次地回到“轮回”之中受苦，佛教称之为“报尽受苦”——福报享受完毕，重归下界受苦。

禅定不能把“有漏”染污的第七末那识变为清净妙明的“平等性智”，所以不能得到根本的解脱，如果加上般若，就可以“转识成智”，转烦恼成菩提了。因为般若可以把禅定的趣向引向罗汉的彻底寂灭，并在这个基础上广修菩萨的无上大法——六度波罗蜜，一面广度众生，同时成就自己。在这个意义上，禅定才能达到圭峰宗密大师所说的：“然禅定一行，最为神妙，能发起性上无漏智慧，一切妙用，万德万行，乃至神通光明，皆从定发。故三乘学人，欲求圣道，必须修禅，离此无门，离此无路。”（《禅源诸诠集都序》）所以圭峰宗密大师在同一书中，根据修行者在般若上的深浅把禅定分为若干层次，他说：

> 真性则不垢不净，凡圣无差；禅则有浅有深，阶级殊等。谓带异计欣上厌下而修者，是外道禅；正信因果，亦以欣厌而修者，是凡夫禅；悟我空偏真之理而修者，是小乘禅；悟我法二空所显真理而修者，是大乘禅。若顿悟自心，本来清净，元无烦恼，无漏智性本自具足，此心即佛，毕竟无异。依此而修者，是最上乘禅。

“带异计”是指邪见；“欣上厌下”是贪爱等欲，这两层当然是外道和凡夫了，因为不了解般若“我法二空”的真理。只知“我空”，不知“法空”，则没有了解般若的全部真理，所以是小乘。明白了“我法二空”这个般若的全部真理，就属于大乘。明白了烦恼即菩提，既无烦恼又无菩提这一层——这已经是佛菩萨的解脱和自在境地了，所以叫最上乘。在这里，禅定是不变的，变的是般若智慧，般若的深浅决定了禅定的深浅。以道谛来衡量，外道禅和凡夫禅只是世间道，小乘禅以上才是出世间道。而出世间道的次第，禅定都必须与般若相应。八正道的第一项就是“正见”，正见就是般若。

为什么要把般若与中观说在一起呢？实际上中观就是般若。在古代印度，一些修般若的人对般若产生了误解，认为缘起性空是般若，般若就是空。他们丢掉了缘起，只看到了一个空，执著于这个空，贪着于这个空。佛教批评为“顽空断灭见”。在龙树的时代，这个“顽空断灭见”非常盛行，几乎可以以假乱真了。龙树为了纠偏救弊，写了著名的《中论》，深刻阐述了般若的奥义，驳斥了种种对般若的误解和责难。在《中论》中，龙树本着般若的一贯立场说：“未曾有一法，不从因缘起。是故一切法，无不是空者。”但空并不妨碍有的存在，有有才有空嘛，没有这个缘起的有，空又从何而来呢？所以龙树在《中观》里还说：“众因缘生法，我说即是空。亦为是假名，亦为中道义。”这样基于“中道”，不执有，不著空，有是虚幻的，空也是虚幻的，在空有之间，如同庄子所说的“枢始得其环中，以应无穷”，这样才不会片面地理解般若而得到了实质。所以后来佛学界都把般若和中观并称。

在第六意识里确定了般若，就有了正知正见，就可以不受第七末那识的继续污染了。首先，般若在第六意识中进行扫除，把后天熏习的烦恼——身见、边见、邪见、禁见、见见逐步扫除，这是“见所断烦恼”。知见认识上的烦恼被消除了，第六意识就清净光明了，第七末那识对它就不能再污染，再控制了。另一方面，清净光明的第六意识配合禅定，对末那识展开进攻，末那识是大染源，知识认识的真理对它是不起作用的，它是把阿赖耶识执著为“我”的，阿赖耶识中所含藏的净秽种子都为末那识所执著。净种子被末那识执为“我”，那当然好，所以般若的正知正见对第六识的清扫不为末那识反对，而不净种子更为末那识所执著，正知正见对它起不了作用——纸上谈兵是不行的。所以末那识上的先天的根本烦恼，必须付诸实践来断，这被称为“修所断烦恼”，要“修所断”，当然得靠禅定的力量了。其实菩萨的六度波罗蜜，除般若波罗蜜是智慧力量——认识的正知正见外，其他如布施、忍辱、持戒、精进和禅那这五度都是实践的行为——修、修行，一直修到“修所断烦恼”干净彻底。末那识从染污的根本源变成了清净无染的识，它就不再是有漏的末那识，而升华为无漏的“平等性智”，先于它从有漏变为无漏的第六识则升华为“妙观察智”。随着六七二识的升华，阿赖耶识中的“一切种”也全部转凡成圣，转烦恼为菩提，于是升华为“一切种智”，又称为“大圆镜智”。相应之下，眼耳鼻舌身这前五识岂有不转化之理，于是前五识就升华为“成所作智”——“六七因中转，五八果上圆”，凡夫终于大功告成，解脱成佛了。

这实际上是一系列深度的精神——心理的自我变革，从小我到大我的升华。般若的实质是“我法二空”，就是消除主观和客观的壁障。末那识的根本作用是“我”，因末那识的作用，浑然一体的宇宙生命和精神被这个“我”支解得支离破碎，支解就意味着痛苦，一体的和谐就意味着安乐，这是精神感受的根本实质。末那识这个“我”的存在，就意味着痛苦、分裂、生死……无穷的循环。当末那识升华为“平等性智”，无休止的分解过程结束了，一切都平等了，宇宙万物又重新成为浑然和谐的一个整体。和谐的心灵看到的、感受到的是和谐的世界，是安乐的世界。万事万物和谐为一体，彼此没有隔障，“妙观察智”当然就畅行于其间。没有私欲，万物平等，起心动念，不分彼此，皆可互通，皆可互成，“成所作智”自然毫无阻力地任运而行。宇宙万物浑然一体，融合无间，一即万，万即一，理事无碍，事事无碍，时间和空间都是因差别而缘起，既然这一切差别消失了，“大圆镜智”——静静地、永恒地在那儿照耀，宇宙万物就是宇宙万物，它们的存在就是存在，无须推理，无须证明，还宇宙万物的本来面目。去掉了狭隘自我强加给宇宙的种种片面的主观认识，就是“大圆镜智”。

（五）是精神天国的地图还是天罗地网？
——以简驭繁、纲举目张的五位百法

佛教唯识学是一个庞大严密的精神天国，涉及世间和出世间的全部精神领域。从欲界的地狱、饿鬼、畜生、人、修罗、天人这六道轮回中的众生，到色界无色界诸天的高级天人，乃至各类阿罗汉、十地菩萨和佛，都各有其相应的精神领地。为说明这一切的因因果果和层次及界线的分别，唯识学相应的名词、概念和范畴数以万计，并且精巧严密地编织在这个学识的大系统中。除了专研此学的佛教学者外，一般的知识分子看见这一系列梵文汉文并用，似古似今，似散文似论文又似韵文的作品就头痛，何况一般的人了。好在佛教以传法为第一等的大事，为度众生真是绞尽了脑汁，用尽了手段。为了使唯识学系统明白地为一般信众所熟悉和接受，唯识学用五位百法——类似于图表，类似于地图，更类似于今天计算机的软件——把全部精神的信息，都绘制或输入其中。一看到五位百法，就如同看见一条精神的长江大河，主干分明，支流清晰，相互汇融，流归大海。

佛教把一切精神的、物质的、业行的、过去未来的、善恶不同的内容，分成五个大类，即五位法：一、心法，二、心所法，三、色法，四、不相应行法，五、无为法。其中前四位为有为法，只有最后一位是无为法，这是因为五位百法的重心在于对世间众生的教化，故重点在对

世间有为法的剖析，为解脱铺路。而无为是佛菩萨的境界，多说众生不懂，不说又无以诱导众生，所以相应就简单一些。

第一位是“心法”，心就是识，识有八种，心法也有八种，这就是我们前面介绍过的眼识、耳识、鼻识、舌识、身识、第六意识、第七末那识和第八阿赖耶识。

第二位是“心所法”，也就是“心所有法”的简称。既为“心所有”之“法”，当然就是“心法”的对象和内容。“心所有法”是五位百法的重心所在，共有六位五十一个“心所”，占了“百法”总数的一半还多一点。对八识心法，前面已经有过介绍了，但这八识庞大复杂的精神内容和工作状态都各有其相应的对象和运行轨道，这一切都在“心所有法”中各就各位。

“心所有法”把各种不同的精神内容分为六大类别，分别是：一、遍行，二、别境，三、善，四、根本烦恼，五、随烦恼，六、不定。“心所有法”这六大类内容，都因心而起，与心相应，系属于心。没有心的存在，也就没有这些“心所有法”；不与心相应，“心所有法”就毫无意义；不系属于心，这些“心所有法”就离题万里，与心无关了。所以心被称为“心王”，是主子，而“心所有法”是臣民。心法一起，心所必然相应；心所起时，心法也必然相应。其相互的统属关系是明白的。

“心所有法”的第一大类是遍行，共有五个心所。分别是：触、作意、受、想、思。这五个心所，为眼耳等八种识所共有，周遍于一切心，所以名为遍行。这五个心所是从感觉到认识不可缺少的条件，也是八个“识”活动得以开展的基础。遍行的定义是“具遍四一切，为所行故”。四一切即一切性、一切地、一切时、一切俱。不论时间、地点、性能、类别，全都包括在其中了。也应当如此，人的精神虽涵盖一切，没有这四个一切，就成了空话。

触，不是狭义触觉的触，而是广义的，包括六根、六尘、六识的相互接触，所以又称为“三和合”，是根尘识三者的交会点；离开了这个交会点，认识及认识的对象和内容全都失去了依据。总的说来，它能和合一切心和心所，依根缘境，不相离散，这是触的性能，也是后面受、想、思三个心所得以成立的依据。

作意，其性能是警心，向心识发起开动的讯号，这是认识产生的内在第一动力，没有作意的发起，八识的能动作用就不会体现。如作意于眼，眼识功能就起；作意于耳，耳识的功能就起等等。

受，受与受蕴的受义相同，都是以领纳为义。领是领取，纳是受纳。既有触和作意两个感觉前提，受的功能就出现了——接收到并容纳了它应该接收和容纳的信息；受不仅是被动地对信息的接受，还有心理的感受和承受。因顺、违和非顺非违的三种外部信息，而产生苦、乐、爱、喜、舍这五类心理感受和承受。

想，想与想蕴的想义相同，都是以取象为义。取象并非仅指对形象的回忆，而是能将过去色声香味触法等种种“领纳”储存后的事物信息再浮现于意识之中。

思，思与思蕴的思义相同，都是以造作为义。造是发起，作是作用。造是思维对所取之境象进行破立。作是对造在行为上的实施。由于造作的行为有善恶二重性，以至使身语意三业具有邪正、善恶两重属性。

总之，遍行这五个心所是全部“心法”——精神活动展开的前提和基础，也是认识活动得以展开的前提和基础。有了遍行，后面的心所才有存在的依据。

“心所有法”的第二大类是别境。别境与遍行不同，遍行五个心所覆盖了一切心法，带有普遍性；而别境是缘各别的境相而得以生起，不能覆盖一切心法，只能对部分精神心理内容起作用，带有特殊性和个别性。别境也有五个心所，分别是欲、胜解、念、定、慧。

欲，欲在这里不是指贪欲的那种粗糙欲望，而是指轻妙广泛的精神追求，具有善、不善和无记三种属性。人们对自己所喜爱的事物，都有希望和追求，并可为之锲而不舍。这是精神深处的一种内在冲动力。

胜解，胜解是决定的意思。精神面对诸多事物或诸多方法而能决定，必有定见，这个决定和定见就是胜解——优胜的见解才能产生决定，在认识上踌躇不决，本身就是见解不到，当然不能称之为“胜”了。胜解既是决定，就有坚持到底、不变不移的性能。胜解通于邪正二性，因为邪正二见都能产生自己的胜解。

念，念与想相近，这里的念具有个别性，不像遍行的想具普遍性。念是持念，对某种信息执持不放，“念念不忘”，也就是对某种信息反复把握，不让其沉没而在心中逝去，使之长期不断地处于“现在”的观念中。如临近考试的反复背诵，初学外语时的孜孜记诵，面临需决断之事时的反复提示等。这样的念，能引生正定。一般人把正定看得太高深了，认为难以达到。其实每个人的心念都可以通往正定，只是自己惑而不知罢了。当然，散心的念，本身就无定力定性，当然不能通往正定了。有些净土高僧，一辈子只念一句阿弥陀佛，结果引发了正定，得到了受用。

定，定就是禅定的那个定，就是“心一境性”的定。定是“注意力”凝而不散，专而不乱，念境相对，不动不移。没有这样的定，前面的念和胜解就不稳定，后面的智慧也无从产生。

慧，慧就是智慧，是推理过程中最终的、正确的判断。没有慧，就没有胜解，定和念也会失去依据。没有念和定，则达不到慧的判断。总之，这五别境互为因缘，谁也离不开谁。别境这五个心所，实际上是遍行五个心所的优化和深入。

当然，别境这五个心所，并不是一起俱起的，它们有时只起一个，有时起两个或三个、四个，也有五个同时发起的时候。有的人有理想、有追求，仅此而已，不去发奋，不去付诸行动，也就是仅停留在“欲”上。以修行而论，有的求定而不知慧，只知调息止息，却不去以般若观照，这样只能在凡夫禅上，甚至不知不觉落入外道禅中。能够自觉使用这五别境的人，不论是佛法修持，或是做社会工作，都是别有意义、定有收益的。

欲、胜解、念、定、慧这五个心所，除了与第八识阿赖耶识无关外——它是大库房，从不关心自己收藏物品的好坏，与其他七识都有相应的关系。只是第七末那识，只与慧相应，因为末那识中的“我见”

也是慧，尽管是污染不洁的慧。除了“我”之外，末那识并不产生欲的追求，也谈不上胜解。而念与定，则是前六识的专职，更与末那识不相干。

“心所有法”的第三大类是善。善相对于恶、不善而言，就是对自己、对他人都有顺益，并且合理。顺是顺心顺境，益是有益无害，理是佛法和人间正法。所以善不仅仅是世间的“有漏行法”，而且是通往出世间的“无漏行法”。善是人们具体行为活动——业行的伦理属性，是美好的属性，因其“性离垢秽，清净无染”，故名为善。善共有十一个心所，分别是：信、惭、愧、无贪、无嗔、无痴、精进、轻安、不放逸、行舍、不害。

前面遍行和别境，都是就精神的功能而言，而善这十一个心所，则是指人们具体的心理状态，而且是优良的、有益的那些心理状态，下面我们分别加以介绍。

信，信是相信、信奉，是别境欲、胜解、念、定、慧的延伸。信是对认识判断的确认，是有稳定性的判断，是行为趣向的前提。对于佛教，有了信，就有了善根，就能进入，才能深入。信这个心所对佛教而言有三种差别。一是信有“忍”，即对于一切法的事实和空的道理，深信“忍”可为有，这样的信，就包含了“忍”的意义。“忍”是胜解，是信的因，因为要达到胜解，必然有取有舍；舍是割爱，当然得“忍”。二是相信有“德”，“德”是指佛法功德，即于己于他的利益。相信这种“德”，致力于这种“德”并“乐”于这种德，就具有“乐”这一层意义了。这种“乐”不是一般人物欲满足之乐，许多舍己为人、乐于助人的人在事后都有一种崇高的心理感受，这崇高、畅快的心理感受，才能与这个有“德”之“乐”相称。三是信有“能”，“能”是能力，要相信自己的能力，在社会生活中要相信自己不比他人差，能够取得应有的成绩。在佛教修行中，要相信自己和他人都能精进向上，并取得成绩，这就具有“欲”的意思，信和“欲”是难以分开的。

总之，信这个心理状态是重要的。对外，相信国家民族、相信正法、相信因果；对内，相信自己、相信生活、相信未来，都是有益的。

惭，惭是一种不安的心理状态，这里专指知道“己不如人”的那种不安。有了这种惭，才有向上的进取心，才会尊敬圣贤，向往善道；有了这种惭，才能排除那种苟且因循的“无惭”的堕性，使自己保持一种警省的心理状态。

愧，愧是比惭更加强烈的心理不安状态，这里专指“轻拒暴恶”的一种反馈心理。轻是轻视，拒是拒绝，即轻视和拒绝一切丑恶凶暴的行为。如果自己有了这些“暴恶”的丑行，那真是“愧死先人”了。有了愧这种心理状态，自然会近善远恶、取善去恶了。

无贪，无贪是一种清净明朗的心理状态。这里专指“于有有具，无著为性”，有是指欲界、色界、无色界三界之有；有具是能生三界的内因。三界之有都是有漏，明白了这层因果关系，自然不敢贪恋而生厌患，这种心理就是无贪。由于心中无贪，所以不起恶行，自然奉信善道。对于社会生活中的人来说，有了无贪这种心理状态，则可以免去极多的心理障碍，并可获得远大的精神力量。林则徐说“无欲则刚”，就有这层意思。

无嗔，无嗔是没有恼怒怨恨这一类心理阴影，使自己处于清净祥和的一种心理状态。这里专指“于苦苦具，无恚为性”。苦是苦苦、坏苦、行苦这三苦。苦具是产生三苦的原因。自然和社会生活的不顺会给人带来苦，在一般人心中，佛教的清净修行本身也是一种苦——清苦。而对世间和出世间的种种苦，无怨无恼而清净平和，本身就是一种极高的胸襟。有这样的心理状态，自然就会“息诸恶行，能作善业”。

无痴，无痴是一种清醒理智的心理状态，不论对事对理都能正确判断。无痴是对愚昧的排除，处于清醒理智的心理状态，工作和生活就不会误入歧途，自然会“作善止恶”。

无贪、无嗔和无痴这三个心所，佛教认为是生起善法的根本，被称为“三善根”，特别具有针对贪、嗔、痴这三大“根本烦恼”的“对治”（心理治疗）作用，是信、惭、愧力量的加强和自在的体现。

精进，精进是一种“奋发图强”的心理状态和行为表现，在修善去恶的过程中勇猛前进，毫不退缩。精是精纯，进是胜进。有了精进的气概，就能自励奋发，勇而无惧，并能忍耐劳倦，除去懈怠，朝着认定的目标坚决地走下去，因而能圆满成就一切善法。

轻安，轻安是一种健康通畅、爽朗逸悦的心理状态。这里特指“远离粗重，调畅身心”，一般常指习禅入定时的那种清明妙乐的感受。身心不适为粗，不和为重。身心不调不和，有病在身，则不堪任用负荷。轻安又分为有漏与无漏二种。有漏轻安，能遣除有漏粗重的烦恼，并能遣除那些障碍定的法，但不能遣除有漏的善和“无记”的“定障”。无漏轻安则通于善、不善和“无记”这三性，并能遣除一切障碍定的法。轻安是修行者“转依”——变换气质的关键处，也是治疗“昏沉”的最主要方法。

不放逸，不放逸是一种自警自律的心理状态。不系为放，无的为逸。放逸即不加管束地放任自流。不放逸这里专指凝聚精进、无贪、无嗔、无痴的力量，时时警惕心地中那些不良善的内容放逸而起，是保持精神良性展开的防护栏，并以此来治疗放逸，是成就和圆满一切有漏、无漏善法的促进力量。

行舍，行舍的行是行蕴之行，舍是住舍的舍，意即心理行为应当安住的地方，也就是寂静安住的一种心理状态。与不放逸一样，这也是在精进、无贪、无嗔、无痴力量凝聚后所形成的一种安宁稳定的心理状态。在这种状态下，认识离开了各种分别执著，能够以不偏激、平等正直的态度来对待不同事物。

不害，不害是一种慈悲和充满爱心的心理状态。这里专指“于诸有性（生命），不为烦恼，无嗔为性”，就是以慈悲的爱心来对待一切生物，先能无嗔，故能无害（危害）——不伤害一切众生。

善这十一个心所与前六识相应，不与七八二识相应。为什么呢？因为第八阿赖耶识，本身是处于“无为”的状态。它虽然含藏一切种，但其功用均为前七识所用，似与它无关。这十一个善心所都是“有为法”，所以与阿赖耶识不相应。第七末那识是污染源，是集贪嗔痴慢为一体的，当然更与这善法不相应了。

“心所有法”的第四大类是根本烦恼。烦是扰，恼是乱。烦恼的本义是扰乱众生的身心，使之不得安宁，系缚众生沉溺生死苦海而不得解脱。根本烦恼在这里分别为贪、嗔、痴、慢、疑、恶见这六种根本烦恼的心态。其他烦恼多达八万四千，都是在这六大烦恼的基础上衍生出来的，它们是一切烦恼的根子，故称根本烦恼。前面章节对烦恼多有介绍，所以这里仅作简单提示。

贪，贪是人们极为熟悉的一种心理状态，能够对其他的心理、认识乃至行为活动进行污染，并能障碍善性的无贪，能缘生出苦果，使众生长陷轮回之中。

嗔，嗔是一种憎怨的心理状态，也是人们所熟悉的心理状态。有贪必有苦，有三界之贪必有三界之苦。苦的感受不比乐的感受，自然引发出嗔这种心理状态。嗔心一起，就障碍了无嗔，使自己身心烦恼，不得安宁，也会对其他的心理、认识乃至行为进行污染，是制造恶业的心理前提。

痴，痴即痴迷，是一种迷暗茫然的心理状态，也是人们比较熟悉的。在佛学中，痴是十二缘起的那个“无明”的同义词。痴使人迷于理，迷于事，使人找不到真理和出路。就佛法而言，痴使人对四圣谛、十二缘起、般若等解脱道茫然无知，并能生起疑惑和邪见，与贪嗔结伴助势，也会给心理、认识乃至行为活动带来污染，并导致苦果。

慢，慢是骄慢，佛教内常称之为“贡高我慢”，这个“我”高高在上，傲视一切，不懂得谦虚和忍让，也不懂尊重他人，这也是人们所熟悉的一种心理状态。慢和贪嗔痴一样，都会给人带来严重的心理障碍。有了骄慢，就不懂得惭和愧了。这种心态也会给心理、认识乃至行为活动带来污染，并导致苦果。慢还是一种复杂心理，唯识学把慢分为七种，分别为慢、过慢、慢过慢、我慢、增上慢、卑慢、邪慢，各有其相应的内容。

疑，疑是判断的不决，“于诸谛理，犹豫为性”。疑是一种复杂的、常见的心理状态。疑是智慧的不达，是智慧、定和胜解的严重障碍。多疑的人，在生活和工作中会制造诸多麻烦；在佛教中，则疑于经论，使自己不得正见。疑也会污染心理、认识和行为活动，从而招致苦果。另外，禅宗提倡的疑（所谓“大疑大悟，小疑小悟，不疑不悟”）和科学方法中的怀疑，与这里的疑含义不同。禅宗和科学上的疑是由破到立的建树，烦恼的疑只是游移不定，远谈不上大破大立的境界和力量。

恶见，恶见是被污染和歪曲的智慧，这里已不是一种心理状态，而是一种系统的认识了。恶者不善，与善作对。那些与善法作对为敌的知识、见识和理论都是恶见。恶见又分为身见、边见、邪见、禁见、见取见五类。前面章节已作介绍，这里就不必多说了。

这六大根本烦恼心所，特别与第七末那识相应，贪、嗔、慢和恶见中的身见，就来源于末那识。第六识因受末那识的污染，所以这六大烦恼全有。眼耳鼻舌身这前五识，都具有贪、嗔、痴三种烦恼，但与慢、疑、恶见这些由意识的随念、计度等比量生起的烦恼不相应。阿赖耶识对它们则“事不关己”了，全推给了前面七识去料理，阿赖耶识处于“无记”状态，既不与善法相应，也不与不善的烦恼相应——尽管它拥有这一切。

烦恼也不全是坏事，善于利用的话，恶性的烦恼也会变为好事，因为这六大烦恼（若将恶见分为后天五类，则是十大烦恼）自身，也潜藏着善的一面，同时还有“无记”。善、恶、无记在唯识学中称为“三性”。主观精神和它的内容都具有这“三性”。善恶的意义不须解释，什么是“无记”呢？就是既非善亦非恶，而处于中性状态。无记在佛学中有多种形态，如二无记、四无记、十四无记等，还有无记性、无记业、无记法、无记往生、无记性真如等，总之离不开这个中性。有时烦恼会处于无性状态，无明烦恼往往是无记的。烦恼为什么又会潜藏着善呢？唯识学认为，除嗔之外，其他九大烦恼都潜藏着善，如以贪而言，贪欲炽旺，必然心注于境，这就与定相通；痴者沉迷，执著不舍，这就与念相通；而后天五大恶见，则本身就是恶慧；疑者求解，也能与胜解和慧相通。所以只要修持佛法，善于转境，就可以转烦恼成菩提。如果烦恼生性不变不动，那么佛教修行就是多余的了。

贪嗔痴慢疑与身边邪禁见这先天和后天所具的十大烦恼，决定了众生必然轮转于三界之内，但各有轻重多寡的不同。欲界六道众生，包括欲界天人，是十大烦恼具足。而色界和无色界的天人，则仅少一个嗔，其他九大烦恼一样不少，只不过在表现形态上与欲界众生有些差异。色界和无色界的天人，是因修定而得报，这种定是因贪爱而发起，以痴迷而贯注，疑于佛法慢于僧伽，并执种种见，使之障碍，未能进入般若。所以色界无色界天人仍有烦恼，因其定障太重，又过于自以为是，反而不如欲界的人容易接近佛法。有的天人为了修成菩萨，干脆下到人间，在五浊恶世磨炼一番，反而容易成就和解脱。

“心所有法”的第五大类是随烦恼，它不是根本烦恼，是随根本烦恼而起的，所以叫随烦恼。随烦恼共有二十种，又分为大、中、小三类，小随烦恼十种，中随烦恼二种，大随烦恼八种。

小随烦恼如下：

忿，忿是一种愤慨的心理状态，因被不利的情境激发，能引起争吵和斗殴。

恨，恨是忿的延续，“怀恶不舍，结怨为性”，耿耿于怀的那种怨恨心理状态。

覆，覆就是隐藏，就是文过饰非的那种心理状态。有过错的心，心中必然忧悔和惊惧，虽加隐藏不发，若不加忏悔和自白，必然遗下种种的不安，所以还是极复杂的心理状态。

恼，恼是暴烈狠戾的忿恨，是由忿恨所积而引发的那种粗狂失常的心理状态。

嫉，嫉就是嫉妒，是在物欲名利面前，感到己不如人而产生的一种酸不溜丢的心态。

悭，悭就是吝啬，是守私惧失的一种心理状态。不论名利学问，生怕他人沾染，作风鄙俗，不能慷慨施为。

诳，诳是一种虚伪诡诈的心理状态，并延伸为贪图私利而欺骗他人的思想和行为。

谄，谄是阿谀奉承、曲媚邪佞，是一种阴暗险曲的心态和极端虚伪的行为，并以此谋利，以此害人。

害，害是伤害，指那种以伤害他人为快事的心理状态。

骄，骄是认为自己优越于他人的一种心理状态，也就是骄傲自是，轻视他人。

以上十种小随烦恼，都是因根本烦恼而起，是根本烦恼的延伸。

中随烦恼如下：

无惭，无惭是惭的反面，是不知自尊自强、因循苟且的堕落心态。有了无惭，一是不求上进，二是不知羞耻，这就极易被邪恶拖下水。

无愧，无愧是愧的反面，是安于丑恶行为不知愧悔的心理状态。有了无愧，就会肆无忌惮地冲闯伦理道德、法律秩序的种种禁区。

无惭无愧这两个中随烦恼与十个小随烦恼不同的是，它们不是从根本烦恼上衍生的，而是与其平行的，是“无体有相”的一种类别。

大随烦恼如下：

掉举，掉举是烦乱无绪的心理状态，能扰乱心法和心所有法，使人不得寂静，并障碍心识不能平等正直地进入定境，是修禅定的大病。

昏沉，昏沉是一种朦迷的心理状态，能迷盖心法和心所有法，使其功用不显，是修观的大病，般若的智慧观照会因昏沉而无力。

不信，不信是信的反面，是一种懈怠疑秽的心理状态。这里专指不信佛法的那种心理。不信是因心识昏浊，自秽秽他，懈怠不励。社会生活中“什么都不信”的人往往处于这种可悲状态。

懈怠，懈怠是一种疏懒无能的心理状态，是精进的反面。对佛教而言，于应修的善和应断的恶，若懒惰而不修不断，就是懈怠。

放逸，放逸是不知约束，纵性放荡的心理状态。有了放逸，就会处于不知修善断恶的地步，与懈怠一样成为自己事业的障碍。懈怠表现于内，而放逸表现于外，所以较懈怠更加不利，其制造的麻烦还要多一些。

失念，失念是念的反面，俗话说“记性不好”只是其后果。失念是懈怠和放逸所带来的又一心理状态，于事于理都无念记。这样下去就会障碍正念，并引发散乱这一恶果。

散乱，散乱是比掉举更为严重的一种心理状态。在散乱中，心思流荡不安，于事于境皆不能观注，一方面障碍正定，一方面还可能引发邪知邪见。掉举表现为一境多解，而散乱则表现为多境多解，严重的会走火入魔，引起精神分裂。

不正知，不正知就是错误的认识，本身并不昏沉掉举或散乱，却要“错谬邪解”。知是慧，由于痴的污染，使这个知不正，所以叫不正知，一切邪知邪见都是不正知，并能引发多种恶业。

八种大随烦恼中，失念、放逸和不正知都是从根本烦恼上衍生出来的，其他五种，则与中随烦恼一样，与根本烦恼平行。随烦恼与八识的关系和前面划分差不多，即八大随烦恼与末那识相应，不论大中小，全部随烦恼都与第六意识相应。眼耳等前五识和大中随烦恼相应，但与小随烦恼不相应。而阿赖耶识仍超然事外。

“心所有法”的第六大类是不定。为什么叫不定呢？因为不定所包括的悔、眠、寻、伺这四个心所对于识、界、性三者来说，都处于一种不确定的关系中，所以称为不定。如遍行的心所遍行于八识，各专属有界趣并有其特性。而不定就不那么“按部就班”了。不定的四个心所只行于第六意识。而悔、眠两个心所则仅行于欲界众生，寻、伺两个心所二禅天以上就消失了。也不像善十一个心所全是善性，根本烦恼和随烦恼则为染性，这不定四个心所却通于善、恶、无记三性中。由于这些不确定性，所以被命名为不定。不定的四个心所分别如下：

悔，悔是追悔恶作，就是对自己的行为有所追悔和厌恶。悔是人们常见的一种心理状态，一般所指对所行过错的悔恨，对过错恶业的悔恨是自新的起点，也是通向善的起点，但也有一些人对所做好事、善事也悔，这就是堕落的起点，也是通往恶的起点。有的悔恨不关善恶，所以是无记。对于所作恶业能悔是好事，但悔本身是一种不安的心态，特别是对修习禅定的人能起干扰作用。

眠，眠是睡觉，是身心的一种全休息状态。对一般人来讲，工作劳动之后，“昼作夜息”，原本天经地义。但贪著于睡觉，就会使身心沉重，暗昧不明。对于勤修止观的人来说，睡觉就是一种大病，并把那些近似于睡眠的一些暗昧的心理状态也称为睡觉。因为这些令身不自在，令心暗昧的心理状态对于修定和修观来说都是严重的障碍。

寻，寻是寻求，是引起心绪不宁、慌乱匆忙的那种心理状态。寻有思维粗略的一面。

伺，伺是伺察，也是引起心绪不宁、慌乱匆忙的那种心理状态。伺有思维精细的一面。

五位的第三位是色法。心法和心所有法是专谈精神和心理现象，而色法的重心则是指物质现象。当然在唯识学中，色法仅是精神内容的一种外在形态而已。

色法包括了眼耳鼻舌身这物质的五根，是和色声香味触这五根相对的物质现象。因为意根不是粗重物质所构成，而法界纯是意识范畴，所以不能生硬设立一个意根和法尘。但意根和法尘也应有一定的物质作为基础。六根六尘被合称为“十二处”，法尘就是法处。法是广义的，多层次、多方面的。色声香味触相对于眼耳鼻舌身的感官直接单一的感受，是现量境，而法尘法处则是通过认识的思维活动，通过推理——比量而证明是存在的，但不为感官所感受的那些物质存在。所以就安立了“法处所摄色”来范围这一切。“法处所摄色”有下面五种：

极略色，极略色是通过认识的分析——比量，而推论出那种极细微的物质存在。极有无限小之义，略有总略和小略之分。总略是对物质存在的分析，小略是对这种存在空间性的分析。

极迥色，极迥色是我们感觉之外的那种空漠之明暗，又名空界之色。这种色距我们极远，根本不能用眼睛来认识，只能通过思维的分析而推论出这种极远的空界之色并推论到极微的存在。如现代天文学中外太空、外星系间的尘埃和云团等即近于这种极迥色。迥色就是明暗之色，但并非一切明暗色都是迥色，因为明暗色分为两种，一种是呈“空”的状态，一种是呈“显”的状态。如上面的明——天空所显的明暗色调，二如地面物体所显的明暗色调。极迥色不同于这两类可以通过视觉而感受，而是用思维对极远天界的迥色构成所分析到的那种极微存在。

受所引色，受所引色是色蕴中的无表色，受是领受，引是引发，是因领受佛教戒律而引发的人们在动态形象上的那种外在表现。佛教戒律是为了发动或防止人们身、语、意心所中的善恶种子而制定的。这些善恶种子本身不是色法，但能导致身体的行为活动状态和语言的表达状态，使之有相应的“色”的表现形态，故称之为受所引色。

遍计所起色，遍计所起色就是人们思维活动通过“遍计”——对事物各种属性的分析和归纳乃至重新组合所得出的概念共相。这些概念共相，如设计图纸、心中的构画等。因为是思维独自造作而起的，尚没有具体实在的物质依据，也没有实物形相，故名遍计所起色。

定所生色，定所生色又名定果色或“自在所生色”，指在禅定修行中所变现的色声香味触等外部境态。在四禅八定中，修行者摆脱了粗重的内外身心环境的束缚，从而生出——进入一个宁静清妙的内外身心环境。如色界诸天或无色界诸天这种远非尘世可比的美妙世界。

这五种“法处所摄色”，除上面四种是因思维活动产生的比量外，只有定所生色是在禅定中出现的现量。但定所生色的这个现量也有真有假：依正定修行所得的现量境是真、是善；依邪定修行所得的现量境则是假的、非善的。那些走火入魔，见神见鬼，争奇斗异的现象，在今天的一些“气功界”中不是屡屡发生吗？依佛教看来，那是很危险的，预后不良的。

五位的第四位是心不相应行法。心不相应行法是什么意思呢？这是指既不属于色法，也不属于心法和心所有法，同时也不与这三法相应的那些有生灭变化的现象。它是心法、心所有法和色法共同作用——“行”的过程中所产生的一系列复杂的现象。心不相应行法所包容的面极广，唯识学归纳为二十四种，分别介绍如下：

得，得是获得、成就。能得的是人，所得的是法——包括知识和名利。这里主要指修持佛法所得。得——成就分为三种：一是种子成就，指上世修行的那些成果以种子的形态潜藏在身内，但因缘不到而没有发生现行的作用；二是自在成就，指在禅定修行中获得随意自在的神通变化的力量；第三是现行成就，就是成就一切现行法——修行什么法，成就什么法，也就是学一门，精一门。但佛教认为成就必有种子做依据，没有种子做内因是谈不上相应成就的。

命根，命根就是寿命、生命，指前世因缘所储存在阿赖耶识的“异熟”中的信息，在这一世中的开展，如同生命遗传基因密码对该生物生命过程所依次下达的“指令”，并规定其生命状态和寿命。

众同分，众同分指众生的共相，如人类是人的众同分，鸟类是鸟的众同分，昆虫是昆虫的众同分。一切生命体的生命存在则是总的共同分。

异生性，异生性就是凡夫性，是对未学佛法、未能解脱的众生的又一种指谓。异生指六道轮回中这种可人可兽可鬼的不同状态的生命形态的变动性。圣人们超脱于轮回，不再受这种异生现象影响，所以又称为“同生”。

无想定，无想定即外道所入的无心定，是断灭一切意识活动的一种禅定，因其不能断除和转变末那识的有漏性，所以称为无想定。

灭尽定，灭尽定是佛教圣者所入的无心定，同样是断灭了一切意识活动的禅定。因其中有般若观照的力量，能断除和转变末那识的有漏性，所以称为灭尽定。

无想，无想即无想天，指修行无想定而升往色界第四禅的第三广乐天的那种果报。在无想天中，寿命五百劫，从生至死心和心所都不现行而处于无意识活动状态——当然不是植物人。

名身，名身就是语言文字上的名词，如山、水、太阳、月亮等单名词或多名词。

句身，句身就是句子，即能完整表达思想和概念的语言或文字，如“今天天气好”之类。

文身，文身就是字，就是组成语言文字的基本字母或音。身有集聚义，不论名身、句身或文身，必然在其集聚的组合中，才能为人们所识别。

生，生就是发生、产生，指事物运动变化的最初始状态。

住，住指事物运动变化过程中的稳定状态。

老，老指事物运动变化过程中的衰败状态。

无常，无常指事物运动变化的绝对性，也可以称为死或灭。生、住、老、无常在佛学中更常以生、住、异、灭来表达。

流转，流转的流指相续不断，转指变化和生起。以因果而言，因果相续不断，但因果则互相转化。

定异，定异的定是决定，异是差别，专指因果的差别。如善有善报、恶有恶报等差别。

相应，相应指因果的相应和一致性，如善得善果，恶得恶果等。

势速，势速指一切事物在因和果的过程中变化迁流势不可挡，速不可遏。

次第，次第是因果过程中从始至终的程序。

时，时即时间，是对因果过程流动性不同线段的一种截取，如过去、现在、未来。

方，方即空间，是对因果过程流动性不同区段的一种截取，如东南西北、上下左右等。

数，数指依心和物对众多品类的差别上的分比，如个十百千万等。

和合，和合是因果众缘聚积会合的形态，指事物统一体的有机和谐性。

不和合，不和合是因果众缘不能聚积会合，指事物因果间的排斥性。

在这二十四种心不相应行法中，对事物进行了多层次多方位的把握，如生、住、老、无常、流转、势速这七项，属于事物的运动变化及相应的状态；而方、时、数、次第、定异、相应、和合、不和合这八项表现了事物间的关系；名身、句身、文身这三项表示了语言文字的基本形态；得、命根、众同分、异生性这四项则特指众生的四大形态；而无想、无想定和灭尽定则专指不属于心法、心所法的三种禅定状态。其他的禅定因与心法、心所法相通，故不被列在心不相应行法中。

五位的最后一位是无为法。与前面四位法不同，无为法是不依因缘和合而成的，也不是心意识可随意造作的，如《心经》所说的那种“不生不灭，不垢不净，不增不减”的绝对的状态。由于是绝对的状态，所以又是“不一不异”、“无来无去”、“非此非彼”、“非失非得”

的。总之就是涅槃，就是菩提，就是真如，是达到解脱的佛菩萨们所表现的精神状态。

唯识学把无为法分为六种，分别如下：

虚空无为，虚空无为即空无我时所显现的“真如”，所谓“离四句绝百非”——不落入有无、非有非无等一切比量的推理活动；达到了“言语道断，心行处灭”而直显的现量境，证见了宇宙——真如的实相；超越了一切障碍，精神如同虚空一样广大无碍，光明无碍，故名虚空无为。

择灭无为，择灭无为的择是判断、选择之义，灭是涅槃。就是通过无漏的智慧来根除末那识的污染而进入涅槃，所以叫择灭无为。

非择灭无为，非择灭无为和择灭无为不同的是不用智慧进行“择”而进入涅槃。

不动无为，不动无为是修行进入了色界四禅天的境界后，离开了有苦乐的感受，心识不动，故名不动无为。

想受灭无为，想受灭无为又称灭尽定无为。禅定进入无色定的无所有处境界后，一切染污心及苦乐二受，即想和受均不现行而得以显现真如，故名想受灭无为。

真如无为，真如无为是精神和宇宙唯一绝对的清净本体，是诸法的实性，并且是前五种无为法的依据，前五种无为法仅是其外缘部分，或不同表现形态。

无为法的这六个方面是佛教修持最高境界的一些差别现象，对凡夫而言是没有差别的，但对修行到这种层次的菩萨来说差别是存在的。如择灭无为尚有“择”——追求的因素存在，而真如无为则为最终的现证。虚空无为是真如的无碍实体，择灭无为是求证，非择灭无为则无须求证——自性本自清净。不动无为和想受灭无为则是达到真如无为的阶梯。总之，这一切都是真如无为的显现，若论实性，真如之名也是假立。唯识学认为，在“真胜义”中，离有离无，非有非无，怎么可以说名为真如呢！所以虽然在说真如，无非是借言显理，假说而已——真如本身就是如此。

以上是对五位百法的一些简略的介绍，与十二缘起、四谛法一样，五位百法也是佛教内又一种精巧严密的心灵与世界的构造图，或更像一幅精神王国的地图，无论人们从事佛教修行也好，从事日常的生活、工作也好，都能很方便地在这个“图”上找到自己精神所处的位置。如果说十二缘起和四谛法主要是从竖的方面来表现心灵与世界的构造，那么五位百法则主要是从横的方面表现了这个构造。

五位百法中，虽然只有心法、心所有法和色法三者与认识相通，其实心不相应行法和无为法也都与认识相通。如果用中国人的思维模式来看，有为法和无为法只不过是阿赖耶识的正反两个方面而已。阿赖耶识的有为法这一面，先把自身分裂为心法和色法两大部分，在心法和色法之间必然会有心所有法的出现，也会有心不相应行法的出现。心所有法其实不过是精神及其功能的具体化和延伸、扩展而已，而心不相应行法则是这些功能的一些外在形态。所以，如果精神和认识不包括不相应行法和无为法，佛教的三界唯心、万法唯识的结论就建立不起来。

对佛教修行者而言，五位百法有极大的方便，自己起心动念、所作所为都可以在五位百法中迅速地找到其坐标和修行中的位置，并参照三十七道品加以校正或确定。相对于道谛中以资粮道到究竟道来说，五位百法的确简洁明快得多，有以简驭繁、纲举目张的作用。所以一般寺庙对僧人或在家信众的第一阶段教育，大多从五位百法讲起，并可层层深入。

佛教是宗教，宗教就必须面对众生。为了争取不同层次、不同文化背景的群众进入佛教的人门，佛教可以说是用心良苦，好在佛菩萨们具足“一切智智”和一切的方便，可以圆融无碍地向众生宣讲其教法和教义。佛教传入中国，在中国这片原本繁荣的文化土地上，就以一种更新的形象，生根发芽开花结果了。

三、是天上飘浮的云朵还是连通大海的海眼

——念头趣谈

人的精神是博大和深邃的，从天到地，从古到今，从远到近，从此到彼，无不在精神的笼罩之下；人的心理是复杂多变的，从喜乐到忧愁，从宽广到狭隘，从宁静到烦乱，无不在心理的感受之中。不论是“先天下之忧而忧，后天下之乐而乐”的人，不论是只知“油盐柴米酱醋茶”的人，也不论沐浴于阳光花丛或算计于暗室鬼窟的人，都有自己的精神世界和情感世界，都有自己的理智和愚昧之所在。从生到死，人们就生活在自己编织的这张精神之网中。这张精神之网是如何被编织出来的呢？何以有这么多光明、阴暗、或苦或乐的纽结呢？人们在面对世界、面对自己的时候，千万不要忘记一个东西的存在，这个东西不是别的，就是人们生活工作、喜怒哀乐所赖以展开的载体——念头。

念头是什么？不就是精神中的“小不点”吗？是的，就是这个“小不点”。如同生命是由无数细胞构成的，宇宙是由无数基本元素构成的一样，人们的精神，人们的认识，人们的心理，也全是由这无数念头构成的。

人们从小到大，从早到晚，只要没有睡着，谁的心中会没有念头呢？眼睛一睁开，今天天气如何？早上吃什么？是去工作或去约会？这些念头从少到多，从简单到复杂，如同长江之水倾泻而来，不可遏止——人们既不知道，也用不着去遏止。有些念头，如同天上飘浮的云朵，如同秋天的落叶，如同草地上的野花，或可引人匆匆一瞥，转瞬即

逝；或可以使人萦绕于怀，或喜或愁。有的念头使人消沉，有的念头使人亢奋，而有的念头则可支配人的一生，使之功成名遂或身败名裂。而佛教则把念头看做通向生命之海的海眼，要在这里潜入，要从这里通过，使自己回归于永恒的生命之海。

佛教中有这么一个故事，有人问释迦牟尼佛：如何才能使一滴水永不消失？佛的回答是：把这滴水送入大海。这则故事是如此地平淡，也是如此地深沉，既可作为生活的常识而让人熟视无睹，也可以作为人生的真理让人全身投入。面对这则故事，人们可以产生各种各样的念头，产生只有自己心中才知道的那些念头，而佛教的修行，其根基就建立在这些念头上，从万念到一念，从一念到万念，从有念到无念，从无念到有念……

这里我们对念头作一些介绍。具有心理学常识的人都知道，念头是一种既简单又复杂的心理现象。说简单，它不外乎是在自我意识中浮现的一种单一的、基本的信息；说复杂，这个在自我意识中浮现的单一和基本的信息，可以与一切精神内容通融。从各种朦胧欲望和冲动到老谋深算和成熟的计划决策；从简单的直觉感受判断到复杂的演绎归纳，全都离不开念头的参与。也就是说，从最简单的心理感觉到情感意志，再到最复杂的理智活动，都离不开念头的参与，并且是这一切精神和思维过程及内容的负载者。

人的情感和理智，都是在念头中运行。作为自我意识中的念头，必须处于“当下”的直觉观照之中，如放映电影一样，一个片断一个片断地在“现在”的观照中移动。但人的念头活动并不完全等同于电影，电影片必须是顺向移动，而念头在人的观照中既可顺行，也可以逆行，既可以回忆过去，也可以憧憬未来。但任何念头都离不开自我意识直接观照中的“现在”这个时间点——只有处于“现在”中的念头才是活的，有灵性的。而退出“现在”或尚未进入“现在”的，则是死的、僵的，或处于黑暗中的类似空无的那种存在。

念头是一个奇怪的精神“磁场”和“过滤器”，说它是“磁场”，它可以吸附很多内容在它身上，如滚雪球似的越滚越大。如肚子饿了，想吃东西的念头一起，立即会产生一系列连锁反应：吃什么？到哪儿去吃？一个人吃或一家人吃，还是邀约朋友们吃？念头中浮现一个张三，张三现在如何，过去如何，善善恶恶，恩恩怨怨的东西都可以随之而起。说念头是过滤器，它可以过滤许多与它无关的东西，甚至连时间和空间，都可以在念头中被过滤——念头的“现在”过滤了任何事物的时间差别，无论汉唐明清，过去未来，在念头中都获得了“现在”的属性而平等并列。念头的“现在”过滤了任何事物的空间差别，无论大象蚂蚁，东南西北，在“现在”中作为各个念头而平等出入。念头就是念头，它只是人的自我意识，消化着一切，改造着一切，又重新组合着一切。

念头相当于逻辑学中的种种概念和范畴，但逻辑学中的概念和范畴是死的，书本上的。而人们头脑中的念头则是活的，念头在人们心中——头脑中的运行被规范出来，才成为书本上的逻辑学、心理学。逻辑学中概念的内涵和外延，不正是我们上面所列举的念头的那种“磁场”和“过滤器”吗？

如果说精神的内容是由无穷的念头组合成的，那么也可以说，精神是无穷的内容在唯一的念头中出入。

二十年前笔者曾偶然翻阅过一本《觉华集》，是民国时期一位叫“觉华老人”的居士编的小册子。其中有一则关于念头的开示很有意味，给我留下了深刻的印象，至今能大致背诵，特送给读者思考。

> 现在者，特过去未来之交际处耳，过去未来本无此名。当前念已生时，须究竟它生向何处？究竟到生本无生，心行灭处，此即现在中求过去；当后念已灭时，须究竟它灭向何处？究竟到灭本无灭，当体何处，此即在现在中求未来。不特此也，当前念不生时，须究竟它不生，到不生不生尽，此现在即是过去处；当后念不灭时，须究竟它不灭，到不灭不灭尽，此现在即是未来处。学人但如此参究，参究这生生灭灭，更参究这不生不灭，直参究到现在门开，四面八方无壅塞。当体虚空常自在，盖天盖地，无量无边。三世诸佛同声赞叹，天魔外道俯首归依，那时节庆快平生。

觉华老人的这则开示既生动，又深刻，给人以极大的启示。要了解和掌握人的心理和思维，就必须对自己的念头有所熟悉，并弄清这些念头的来龙去脉。念头一起，它从哪儿来的？又到哪儿去了？这个念头一起，相应会引起哪些、哪类念头群或念头的集团军出现？这些念头是善是恶？是害是益？自己对念头是否作得了主？等等。

说实话，人们头脑中某些念头的生起，往往是不以人的主观意识为转移的。该想的想不起，不该想的老是来——人们时常有这样的感慨。另一方面，人们头脑中某些念头老是排遣不开，大多是遇上了麻烦，心中有事，老是盘踞在心中，让你吃不下，睡不着——人们也时常会落入这样的困境。真的，念头并不像手中的棋子那样可任意调遣，真的是那样，一切功夫都是多余的了，任何人都可以成为学者或科学家，都可以做出辉煌的成绩，其原因就是对自己的念头没有自由。洞山禅师的“三渗漏”说：“机不离位，堕在毒海，烦恼遮障，为境所蔽。”就是指的这种状况。如果人们不甘心处于这种不自在的状况，要对自己的精神、心理和思维进行一番“夺权”斗争，自己当家作主。那么，用觉华老人这一开示作一番心地上的功夫，或能收到效益。也许你能找到那个通向大海的海眼，使自己这滴水珠融入生命和精神的大海，以得到永恒。

（一）心真如门和心生灭门
——《大乘起信论》的意识魔方

唯识学是佛教内最富理性的、最严密细致的系统理论和学说。玄奘大师把这套学问介绍回来，在中国形成了以唯识学为中心的一大佛教宗派——唯识宗。但奇怪的是，这样一套详尽生命——精神秘奥的，如此精美博大的学说，在中国引起的轰动和繁荣不过几十年，其延续也不过百余年——唐武宗灭佛之后，这一学说就一直消沉下去，少有人问津，许多高僧甚至不屑一顾，认为唯识学是佛学中的“不了义”——不彻底、低层次的佛学而已。在寺庙中，唯识学仅作为佛学辞典被初习经论的僧人们翻一翻——谁叫它又被称为“法相宗”呢！法相，相当于现代的名词、概念。佛教中的许多名词和概念，在唯识学中都有清晰的定义和解释，所以唯识宗又被称为法相宗。直到鸦片战争后，随着西学东渐之风日盛，中国近代的一批思想先驱们才重新认识到唯识学的价值和意义，用以开启民族智慧，增强民族信心，以抗衡西方日益逼人的文化入侵。

唯识学的优点恰好是它在中国不振的根本原因之一。它那过于强化的理性和庞大的体系，使它不仅拒广大民众于门外，高僧和士大夫们也大多被拒之门外——读不懂！另外，古代中国有一套属于中国人所特有的思维模式和价值观念，这个思维模式是以《周易》和《老子》为代表的“道”的体用观念，这个价值观念是以孔孟儒家“仁学”学说为代表的、现实的人生。唯识学与这两者都未能协调，它的理性太强了，容不得半点含糊与“和稀泥”。直到民国时期的那批唯识学大师仍是如此秉性，使得自己虽然成果累累，却难以与历史融合，难以与时代融合。

相比之下，天台、华严、净土、禅宗这些已“中国化”的佛教宗派就荣幸多了。它们的教义不仅自有格调，还可以融通儒道，不仅王公贵族和士大夫们能懂，而且一般的平民百姓也能懂。如天台宗的智者大师先后给陈后主、隋炀帝（当时是王子）讲天台止观，这些帝王都能懂。武则天曾听过华严宗的贤首大师讲华严大意，又曾请过禅宗的神秀、老安、智诜等大师谈禅，而且能够有“悟”。而唯识宗则没有能使唐太宗、唐高宗和武则天“听懂”的记载。天台、华严、净土、禅宗周围都有一大批官僚士大夫沉浸其中，而唯识宗在当时则难以找到这样的居士人物。所以，天台、华严、净土、禅宗这些佛教宗派已经“中国化”了，而唯识宗则仍然是印度的“老模样”——尽管唯识学在印度，随着玄奘大师的东归而渐渐湮没无闻了。

印度佛教的中国化，必然有一个催化剂，先是老庄学说，而作用最大的则是出现于南北朝后期的佛教重要著作——《大乘起信论》。这里没有必要涉及近几十年来有关《大乘起信论》（以下简称《起信论》）的真伪之辩，仅就该书有关精神的论述作一些简略的介绍。

《起信论》的根本命题是“一心二门”，“心”就是我们这个整体的精神，“二门”一是心真如门，一是心生灭门。

熟悉中国历史文化的人都知道《周易》所说的那个“易有太极，是生两仪。两仪生四象，四象生八卦”；也会知道《老子》中所说的那个“道生一，一生二，二生三，三生万物”。《起信论》“一心二门”这个根本命题，不论其有意无意，恰好与中国古代文化的那个思维模式默契无间了。《老子》说：“此两者，同出而异名，同谓之玄，玄之又玄，众妙之门。”《起信论》中的那个真如门和生灭门，不论其以后变到哪里去，都离不开这个“心”，都是“同出而异名”而已。中国人对此只会感到熟悉和亲切，不会感到陌生和不解。

熟悉和亲切就利于深入，《起信论》在这样的结构下，将那些深的浅的、同的异的、数不尽的佛教教义和学说，全都放在这个框架内，让中国人细细品味，慢慢实践，许多人从中受益，如天台、华严、禅宗内许多大师，在他们的精神历程中，都能找出《起信论》的印记。

《起信论》的根本命题是“一心二门”，一心的心是根本，这个心是“三界唯心”的那个心，包括了唯识学心意识三大“识体”，也就是阿赖耶识、末那识和前六识。这个心是宇宙的总体、总相。因人妄念之动，这个心就被分裂为“真如”和“生灭”两大部分。下面我们择要看一看《起信论》的有关论述。

> 依一心法有二种门。云何为二？一者心真如门，二者心生灭门。是二种门皆各总摄一切法。此义云何？以是二门不相离故。心真如者，即是一法界大总相法门体，所谓心性不生不灭，一切诸法唯依妄念而有差别。若离心念，则无一切境界之相。是故一切法从本以来离言说相，离名字相，离心缘相，毕竟平等，无有变易，不可破坏，唯是一心，故名真如……心生灭者，依如来藏故有生灭心，所谓不生不灭，与生灭和合，非一非异，名为阿黎耶识（即阿赖耶识之异译）。此识有二种义：能摄一切法，生一切法。云何为二？一者觉义，二者不觉义。

真如是梵文的意译，意思就是超越生灭的世界本体和终极真理，也就是真实如是、无须论证的超越主客观的根本存在。

人的精神和意识存在是一种矛盾现象的统一体。当我们面对宇宙，面对大自然时，不能不对这个伟大的造化发出由衷的赞叹：四时变化，万象漂移，它什么也不是，却产生了一切，并且永恒地、不知疲乏地“生生不已”。这个“生生不已”的宇宙，展现给我们的当然不是凝固的、呆板的、单一的世界，而是五彩缤纷、变化无穷、不断更新、永不重复的景观。万物出于它、没于它，而它却深不可测，似有似无，永葆青春与活力。当我们回过头来面对自己的精神和意识时，也不能不发出同样的赞叹，它究竟是什么难以说清楚，但却同样为“我”的世界产生了一切，同样永恒地、不知疲乏地“生生不已”。展现给我们的仍然不是凝固的、呆板的、单一的世界，同样是五彩缤纷、变化无穷、不断更新、永不重复的景观。精神和认识中的一切也是出于它、没于它，而它也是深不可测，似有似无，同样永葆青春与活力。这两者可以重合吗？当然可以，大道只有一个，是“不二”的。主观精神和客观世界的分离，主观精神的自我流动、变化，都与“心动”——意识活动的展开分不开。只要意识按照它的内在程序展开活动，就会产生“一生二，二生三，三生万物”那种无休无止的运动。

在这里，真如是体，是本体世界；生灭是相，是现象世界。本体世界是不动的，是一；现象世界是动的，是无穷之数。但本体世界和现象世界又是同一的，不可分的一个整体，宇宙有其恒一不变之量，不论现象世界如何纷繁，如何变易，这个总体的量是无增无减的，万变不离其宗——生灭是真如的生灭，真如是生灭的真如，一心二门是一而不是二，也不是三，《起信论》希望人们明白这点从而达到解脱。但众生之所以是众生，就是因为看不到这点，只知道那个无可奈何的生灭，而把真如推给了佛菩萨。《起信论》为了使众生从生灭的状态中回归于真如，从“不觉”回归于“觉”，又提出了一套简要的理论和实践的方法，这就是“无念”。

是故修多罗（即佛经）说，若有众生能观无念者，则为向佛智故。

《起信论》对“无念”作了多层次的阐述，但其根本点，就是在“念”和“无念”的这重关系上。念就是念头，前面我们对念头曾作过相应的介绍，而觉华老人的那则开示则可以帮助人们从有念进入无念。

前面我们说过，念头是在自我意识中浮现的单一和基本的信息，它可以有形有相，也可以是善是恶，总之有相应的属性和内容规定了这个念头的属性和趋向。这样的念头当然是有限的，并可以无限涌出，从而形成生灭变化。前面我们又曾提到过，人对于自己的念头，往往是不自由的那种“怒从心上起，恶向胆边生”之类的念头；那种“机关算尽太聪明，反误了卿卿性命”之类的念头；那种如《红楼梦》中《好了歌》所说的功名富贵、娇妻儿孙种种“忘不了”之类的念头，牢牢地牵制着人们的心身，使人们不知不觉地为之忙碌，为之效命，哪里知道还有自己作主这么回事——或自认为正是当家作主哩！佛教认为，其结果只有一个苦字，永远只会沉沦于三界之中，轮回于六道之中，真是太可悲了。

念头与念头有彼此之分，有善恶之分，有大小之分，一念十念百念乃至千万念，念念不同，此起彼伏，从不稍息，并且由不得人，要无念真是太难了。

什么是无念？怎样才能达到无念呢？这可以从几个方面来看。念头的起伏是“心动”的表现。心动就有念，心不动，安静了，就是无念。另一方面是“觉”与“不觉”。念头起伏而“不觉”，那自然与无念无缘；如果念头起伏而能“觉”，那就与无念有缘了；能在“觉”上层层深人，最后就达到了无念。

《起信论》把“觉”分为四个层次，分别为“不觉”、“相似觉”、“随分觉”和“究竟觉”。这四种“觉”是针对念头的“生、住、异、灭”四种状态而达到相应的解脱的境界。一般人学佛向善，能以善念制伏恶念，虽然止息了“灭”，但因属于以念止念，不能达到无念，所以仍然是“不觉”。学佛层次高一等的，如“二乘”和“初发意菩萨”，他们能够认识念念彼此平等，念念是空，这就超越了“异”，初步进入了无念境界，这就是“相似觉”。再高一个层次，“法身菩萨”认识到念头是分别人我、分离主观和客观的原因，这就超越了“住”，深入了无念的境界，这就是“随分觉”。最后，“十地菩萨”认识到产生这一切的根本原因都在于心动，其实心是“动而不动，不动而动”的，这就超越了“生”，达到了“究竟觉”——彻底的无念。

要知道，这个无念，并不是那种百不思、百不想、没有任何思维内容的“死灰”状态，这个无念是活的。首先，这个无念是一种精神的本元状态，能产生一切思维内容，能产生一切念头的那种无念。其次，这个无念仍然是念，也可以说是一个巨大的念头，是一个没有任何具体内容的念头，但却有一个根本的状态和性能，这个状态是“净”，这个性能是“觉”。“净”，就没有任何内容附着于其上；“觉”，就能洞悉和判断一切。

其实，任何人只要平时养成了自省的思维习惯，很容易品出其中的滋味。我们所思所想、所作所为，常常会处于这样的矛盾状态中：某个念头一起，心灵深处往往还有一个判断，行或不行，对或不对。心灵深处的这个判断，如同航船之舵，不停地左右摆动，以保持航向与船体的平衡——这就是本能之“觉”。遗憾的是，没有深入佛教修行的人，尚不能把这个本能之“觉”变成如意自在的、通向解脱的那种“自觉”——它被潮水般汹涌不息的念头遮掩了，人们看不到波涛下面那种永恒的宁静，更谈不上开发其中无限的功能了。

这种本能之“觉”是人们共同具有的，只不过因人不同而强弱有别。本能之“觉”强的，心中的妄念肯定少，弱的则妄念肯定多。将这种本能之“觉”变为“自觉”后，心如平镜，就可以达到如《周易》所赞叹的那种境界：“无思也，无为也，寂然不动，感而遂通天下之故。”如果这种“自觉”达到了《起信论》所说的那种程度，就是菩萨了。

二十世纪八十年代以来，国内气功流行，而气功的修炼，必然也要讲到无念，但气功所讲的无念，决非《起信论》中的这个无念。

气功是有为法，学气功的人是带着种种目的去练气功的，简单的就是祛病强身、益寿延年，复杂的更是特异功能、神通妙用。气功的无念，是止息人们常态的思维活动，但把思维本身引入了各家气功所指向的区域，并产生异于常态心理思维的种种内容。依唯识学的理论看，人们日常所思所想，大多都是阿赖耶识中的表层“种子”因缘而发生作用。根据众生“依、报”的理论，人类社会，是人们的“依”。“报”则把阿赖耶识的相应种子吸浮到表面，与这个“依”相应。所以，人们的根本因缘都是以人类社会为本、为主，精神、思想、认识、行为也必然是人的、社会的存在反映。如果因修气功，脱离了人和社会这样一种从精神到生活的常态环境，而进入一个自己陌生的、不知取舍去向的另一个世界，又没有佛教的正知正见作为指导性防护，就会有走火入魔的危险。轻者幻觉丛生、喜怒无常、或病或呆，重者精神错乱、见神见鬼、弄神弄鬼。

佛教是严肃的宗教，理智的宗教。对佛教徒的修行，制定了极严的戒律来约束，并且戒定慧并行或止观并行。《起信论》所讲到的无念是纯粹的无念，如前面所介绍的那样，这可是比禅定的内涵大得多、深得多的境界。为了进入这样的无念，《起信论》提出了“一行三昧”的修行方法。“一行”就是“不二”之行，“三昧”就是禅定，“一行三昧”就是“不二禅定”之法。

修行“一行三昧”时，要“止一切境界相”，要体会“因缘生灭相”。先应“住于静处，端坐正意，不依气息，不依形色，不依于空”，“乃至不依见闻觉知，一切诸想随念皆除，亦遣除想，以至一切法本来无相，念念不生，念念不灭”。最后“依是三昧故，则知法相一界，谓一切诸佛法身与众生心平等无二，即名一行三昧”。

不说气功，就连佛教的禅定，因修习不得法还会引起一些“禅病”，古往今来的例子是极多的，以至早在南北朝的刘宋时期，就有《治禅病秘要法》之类的书从印度译回，历代大师相应的论述也不少。禅病的总根子在于贪欲，修禅学佛本来就是因贪欲而发起的，贪欲之心未能降伏，在坐禅时贪恋境界，特别贪恋出现佛菩萨之类的境界，以至患病到精神失常。所以那些习禅有得的高僧们对这些现象是常加呵斥的，《起信论》更是他们的理论依据。《起信论》在有关止观的章节中说：

> 或有众生无善根力，则为诸魔、外道、鬼神之所惑乱。若于坐中现形恐怖，或现端正男女等相，当念唯心，境界则灭，终不为恼。或现天（神）像、菩萨像，亦作如来相，像好具足，或说陀罗尼，或说布施、持戒、忍辱、精进、禅定、智慧；或说平等、空、无相、无愿、无亲无怨、无因无果、毕竟空寂，是真涅槃；或令人知宿命过去之事，亦知未来之事，得他心智，辩才无碍，能令众生贪著名利之事……皆是外道所得，非真三昧。或复令人若一日、若二日、若三日乃至七日住于定中，得自然香美饮食，身心适悦，不饥不渴，使人爱著；或亦令人食无分齐，乍多乍少，颜色变易。以是义故，行者常应智慧观照，勿令此心堕于邪网。当勤正念，不取不著，则能远离是诸业障。

你看，修定有多麻烦，那些见神见鬼的自不用说，连见到了佛菩萨、在定中听佛菩萨说六度波罗蜜也是“堕入邪网”；在定中出现“三明六通”，甚至长期入定，“得自然香美饮食”等一类求之不得的境界也是“堕入邪网”。以这种观点来看气功界中的一些现象，不是令人深思、令人担忧吗？怎么办呢？唯有“当勤正念，不取不著”——见到这一切，万万动不得心，万万不要贪爱执著，这样才能避免“禅病”，才不会走火入魔，才能保障止观健康地深入。这就是“觉”的功用，在这种“觉”的保护下，使自己最终达到无念——究竟觉的程度，也就是超越了生灭之心，回归于真如之心。

（二）一念三千和圆融三谛
——天台宗的意识万花筒

佛教修行的目的，是“断烦恼，了生死”，这需要“转烦恼成菩提，转生死成涅槃”这一艰巨的修行过程。众生们沉溺于烦恼生死苦海的原因在于对“人我”、“法我”的执著，而“人我”、“法我”的根子在于八识中的末那识，修行的最大障碍也在于这个末那识。

在唯识学的论述中，要断除或转变烦恼是极为艰巨的，时间也是漫长的，因为末那识在人们的精神中根深蒂固，是那么的难以动摇，不仅有“见所断”的烦恼，还有“修所断”的烦恼。这都是因为无始以来的烦恼，以“种子”的形态被“藏”在阿赖耶识之中，生生世世难以除尽。何况修行成功与否，关键也在“种子”上，有善“种子”就可以修得善果，没有善的“种子”是谈不上修得善果的。以此类推，要修成罗汉，得先有罗汉的“种子”；要修成菩萨，得先有菩萨的“种子”；要成佛，当然也得先有成佛的“种子”。有因方有果，天经地义，所以唯识学认为“一阐提”人——不信佛法之人——不能成佛，因为他们不具备成佛的“种子”。“种子”学说精细严密，逻辑理性极强，论证也似乎无懈可击，但无意中却在佛与众生间划出一道不可逾越的鸿沟，也与佛教广泛宣扬的——“一切众生皆有佛性，皆可成佛”，“心佛众生三无差别”的理论相矛盾。玄奘大师在印度时就提出过这样的疑问，认为会影响在中国的传教活动。但玄奘的老师戒贤法师却呵斥他，说这是根本义，你们支那人懂什么！玄奘大师回国后囿守师说，因而使这套唯识学难以普及推广——中国人信就信一切众生皆可成佛，既然那一套学问不能使我们成佛，又何必去学呢！

相比之下，《起信论》就荣幸得多，它那个“一心二门”把佛菩萨真如心和众生的生灭心统一在一起，中间没有那条不可逾越的鸿沟。人们只要如法修行，自然会有所成就的。你看，生灭心与真如心是相通的、一体的。有念心动，真如门就成了生灭门；无念心息，生灭门就成了真如门，多么方便。

虽然如此，生灭心和真如心之间的关系究竟如何？特别是真如心的内涵到底是什么？《起信论》因其结构简略未能明说、细说。还有，中国人大多怕麻烦，都希望当世就解脱成佛，所以历来就有渐悟和顿悟之辩，而趋向于顿悟。《起信论》对此没有详细的答复。

天台宗是最早把印度佛教转变为中国佛教的一大宗派。从南北朝后期的慧文、慧思两位大师开始，到陈隋间智者大师集其大成，盛于唐宋，延至明清，在中国历史文化中，特别在中国佛教文化中有特别的意义。天台宗的中心理论就是“一念三千”和“三谛圆融”。

一念三千的念，就是我们前面所谈到的念头。这个小小的“念”

可以贯穿唯识学的心法、色法和心所有法，也可以贯通不相应行法和无为法。这个小小的“念”，在《起信论》中，一面可以是真如门，一面可以是生灭门。当然，这只是在这里临时发挥，其根据就在天台宗的这个一念三千和三谛圆融中，也在华严宗的法界缘起和事事无碍中，也在于禅宗的即心即佛和非心非佛中。

以念头与念头的差别而言，恶与善、烦恼与菩提是根本不同类的。要完成从恶到善、从烦恼到菩提的转变，需要一个漫长的精神转变过程。基于以上道理，佛教的渐修渐悟是牢实可靠的，也是稳妥可行的。念头是有根的，这个根，就是潜藏在阿赖耶识中的种子；念头是有缘的，这个缘，可以是外面的色声香味触法六尘，也可以是里面的眼耳鼻舌身意这六根或六识，但根本之根本在于识。而识的根子则是真如。依照《起信论》的宗旨，念头之根就是真如，念头在真如中生起、显示，又消失、潜藏在真如之中——这就是真如缘起之说。依据真如缘起之说，念头本身就是真如，关键在于你是否有所觉悟。悟—— 一切皆是真如，迷—— 一切都是生灭。在这样的原理下，顿悟在修行中是有依据的，是能够取得成功的。

天台宗的智者大师建立一念三千之说，可以说把真如缘起的道理发挥得淋漓尽致。智者大师在其重要著作《摩诃止观》中说：

> 夫一心具十法界，一法界又具十法界、百法界。一法界具三十种世间，百法界即具三千种世间，此三千在一念心。若心无而已，介尔有心，即具三千。亦不言一心在前，一切法在后；亦不言一切法在前，一心在后……若从一心生一切法者，此则是纵；若心一时含一切法者，此即是横；纵亦不可，横亦不可，只心是一切法；一切法是心故。非纵非横，非一非异，玄妙深绝；非识所识，非言所言。

“介尔有心，即具三千。”介尔就是那么一点点，也可以说是刹那一念。三千是什么意思呢？天台宗认为，一念之生，就具有相、性、体、力、作、因、缘、果、报和本末究竟十个方面的内容和性质。分别指念头的形相、性能、本体、业力、作用、内因、外缘及相应的后果和实际的获得（报），还有本末究竟——包括这一切的，从因到果的所有因素。这十大方面又称为“十如是”。如是，即“就是那样”或“就是这样”，无须推论证明的客观存在。

因一念之中就具有这“十如是”，所以必然与“十法界”相应。天台宗以迷悟为尺度，将一切众生分为凡圣两大类，凡即六凡、六道，就是地狱、饿鬼、畜生、人、修罗、天人这种六道轮回中的众生。圣即四圣，指佛教中的三乘——声闻乘、缘觉乘、菩萨乘，上面还有佛。这六凡四圣就是“十法界”。智者大师认为，这“十法界”是因主观意识而产生的，你是地狱意识就有地狱果报，是天人意识就有天人果报，是佛菩萨意识就有佛菩萨果报。另外，这“十法界”不是绝对隔离不变的，“心生种种法生”，主观意识的转变可以使自己所处的“法界”得到相应的转变，既可向上通向佛菩萨的“法界”，也可以向下通向地狱的“法界”。因此“十法界”是相互含摄、可以转化的，每一“法界”都与其他九“法界”相通。这样，“十法界”就是“百法界”。

另外，不论“十法界”也好，“百法界”也好，其体性都是由色、受、想、行、识这五蕴构成，所以是“五蕴世间”。“五蕴世间”是广义，如人类社会一样，是由具体的、个别的众生单元所组成，这些众生都是有情感意识活动的，所以叫“有情世间”。“有情世间”的众生不是生活在虚空里，他们都有自己赖以生存的依据——山河大地这样的生存环境，这就是“器世间”。所以，每一个“法界”必然具有这三种“世间”，而“百法界”则具“三百世间”。“十如是”再与这“三百世间”配合，当然就成了“三千世间”，又称为“三千如”。这个“三千”包容了宇宙中的一切存在，包容了过去、现在和未来。千差万别、无量无边的现象和事物全都归摄于一心或一念之中，并且圆融无碍，这就是天台宗的“一念三千”之说。

“一念三千”是天台宗特有的教义及修行的门径之一，看起来深奥玄幽，难以臆度，其实不外用佛教的方式说出了人们的意识和心理的那种多层次、多内容的复杂结构；善于思索的人不难发现，人们日常起心动念，原本就有这个“一念三千”的藤葛纠缠在其中。不说成年人，在幼儿的心念中，也可以清楚地发现这种趋向。一个幼小的儿童，常常向其父母或老师提出无穷无尽的问题，并穷追到底，如：面包是从哪儿来的？是面包房烤出来的。用什么烤的？用面粉烤的。面粉从哪儿来的？用麦子磨的。麦子是从哪儿来的？是地里种的。地里为什么要生麦子？农民伯伯种的。农民伯伯为什么要种麦子……再如：什么是英雄？英雄是英勇顽强，舍己为人，敢于与坏人作斗争的人。那什么又是英勇？什么又是舍己为人？什么又叫坏人呢……每一个问题都与无数问题相联系，无数的问题又通向无数的问题，其中有善有恶，有是有非，都与相、体、性、力、作、因、缘、果、报这“十如是”相连，农民、英雄、坏人，国王、公主、王子、妖婆等童话表现的儿童心理，就已与“十法界”相联了。在性情未显、智力未熟的儿童心理意识中尚有这样的层次界域，何况一个成年之人，一个在社会大染缸中浸泡几十年的人。

如果说“一念三千”主要是社会伦理式的说教，那么“十如是”则更注重于思维的功能和作用。一念之萌动如能自觉地与“十如是”相应，那么在生活和事业中必然具有前瞻性，并能获得相应的自由和成功。

中国佛教的修行实践最注重止观，一念三千是智者大师在《摩诃止观》这一巨著中提出来的，是天台宗最根本的教旨和观法之一。除了这个一念三千之外，天台宗还有一根本教旨和观法与之相应，这就是三谛圆融。

天台宗的初祖慧文禅师是禅教俱通的大师，慧文禅师在修习《摩诃般若波罗蜜多心经》、《大智度论》和《中论》时，领悟到“一心三观”的妙旨。“一心三观”就是在一念之中，同时观照到“道种智”、“一切智”和“一切种智”。这分别是小乘、大乘和佛乘所具的智慧，彼此有很大的层次和差别，需要漫长的修行方可逐步达到，但慧文禅师则认为无需这样的渐修，可以通过“一心三观”而顿悟。他在思考《中论》中“因缘所生法，我说即是空。亦名为假名，亦是中道义”

时，就达到了这样的顿悟感受："因缘所生法，我说即是空"——这是真谛，万物因缘而起，没有固定不变之相，所以是空，可以通往一切智；"亦为是假名"——万物因缘而有，虽空，但不妨碍其为"假有"，万物万法是幻，是"假有"，这是"俗谛"，可以通往道种智；"亦是中道义"——中道即非真非假，空不妨碍那个假有，假有也不妨碍那个真空，这就是中道，是"中谛"，可以通往"一切种智"。这个"空、假、中"把"三智一心"、"三谛一心"用在观法上，就是"一心三观"。通过"一心三观"这样的禅修，就可以达到佛法的最高境界，并可顿悟而得。

智者大师把"一心三观"的禅法加以发挥，就成了圆融三谛的教法和观法。智者大师认为空假中三谛原本就是一体的圆融，说到底就是人们一念之中的三个不同的方面而已。在一念之中，偏著于空是真谛，偏著于假是俗谛，偏著于中是中谛。但不论偏著于什么方面都不行，因为中、假、空三谛本来是无碍自在的，一念也本来是无碍自在的。因假而有空，因空而有假，因空假而有中，有中必有空假。其间在时间上是并立的，在空间上是并行的，在心念中是同一的。所以不仅一念具有三千，而且一念具有三谛，一与三无碍无别，与三千无碍无别，都是人们的心念中的实际。

一念三千和圆融三谛可以说是天台宗对"三界唯心，万法唯识"的特殊表达方式。一念也好，一心也好，是不必去分别众生和佛的，佛与众生都平等地居于这个心内。而三谛和三千则涵融了一切精神内容——一切善恶、高下、美丑、凡圣的境界，从地狱饿鬼到佛菩萨们都同居于这个三谛或三千之中，这已是具有中国特色的佛教理论了。

从人们的常识来看，地狱饿鬼之类是穷凶极恶的，纯恶无善的；而佛菩萨则相反，他们大慈大悲，舍己为人，功德无量，神通无边，是纯善无恶的。但天台宗却认为真正的佛性不是纯善，同样含具了恶性，不含具恶性的善不能称为至善。因为这种至善不包含恶，那么这种至善的佛性就是有限的，不全面的，有缺漏的。所以真正的佛性就是一切种，一切种当然就包容了一切。不过佛的这个一切种又是一切种智，虽包容了恶性，但却断绝了恶行，一切恶性在佛的行为中都表现了普度众生的方便善巧，都为大慈大悲的另一种表现形式。不然的话，释迦牟尼佛就不可能到这个五浊恶世来教化众生了，地藏王菩萨则更不可能到地狱中去普度众生了。

天台宗的这个一念三千和圆融三谛，虽为佛教修行的禅法和观法，但在现代的社会生活中，在现代心理学中仍然有其积极的意义。心病还要心药医，对那些失意的、得意的、心理失调的、患有各种心理暗疾的人，若能帮助他们在这个一念之中“圆融”起来，将会得到莫大的效益。如那些所作所为有愧于天理人心、惶惶不安的人，若有所觉悟，有所反悔，当知自己的心念仍然与善相通，奋然洗心革面，重新做人，从头做起，以重新塑造自己的人格和创造自己的事业。再如一些功德累累的，若居功自傲，或故步自封的人，则当警惕一念逆转，衰相即露，稍不留意，反成苦境。

智者大师在领悟一念三千和圆融三谛之时，有一种由衷的喜悦和自在感，他的弟子灌顶大师在记录整理《摩诃止观》时说他：“此之止观，天台智者，说己心中所行法门。”“说己心中所行法门”，这就超越了墨守印度经典的窠臼，有那种大彻大悟、雄视古今的气概，并使中国佛教走上了独立发展的道路。就这个意义上说，智者大师的成就甚至高于后来的玄奘大师，因为玄奘大师一生，都固守于“述而不作”，没有那种“说己心中所行法门”的创意。相比之下，后来的华严、禅宗就在这条路上大踏步地走了下去，如唐末著名的岩头禅师对雪峰说：“他后若欲播扬大教，一一从自己胸襟中流出，将来与我盖天盖地去。”

人的心念是活的，不是死的，一方面可以尽可能地接受和容纳过去的一切知识和信息，另一方面又可以不断创新，开辟更为广阔的思维空间。既然一念可以通往三千世界，或一念本身就具备了三千世间，并且是把三谛均圆融在这一念中，那么孟子的“万物皆备于我”在这里就有了更加生动和丰富的内容，人们尽可能在这一念之中去开发、去创造、去发挥，找到和确立自己的人格和存在的价值，并奉献给我们共同拥有的这个世界。

（三）理事无碍，事事无碍
——华严宗群星辉映的意识网

如果说天台宗的一念三千和圆融三谛是以由点及面的方式来处理人生宇宙这一精神存在的话，那么华严宗所提出的“理无碍、事无碍、理事无碍、事事无碍”则是以从面到点的方式来处理人生宇宙这一精神存在。成都文殊院有一副对联，直接引用了唐代华严宗著名大师李通玄居士的一句名偈：

十世古今，始终不离于当念
无边刹境，自他不隔于毫端

李通玄是唐代宗室贵胄，少年时与那位既是隐士神仙，又是谋士宰相的邺侯李泌相好，后隐居五台方山，号“方山长者”，因其每日以柏叶枣泥为丸，日服十枚为食，世人又尊称他为“枣柏大士”。在他的著述中，把《易经》融入《华严经》而著成的《新华严经论》四十卷，在华严宗内自成一系。上面这副对联，饶有趣味，深寓禅机。你看，东南西北、上下左右、过去未来这“十世”，自始至终都离不开，或就是我们现在当下的这个活泼泼的一念，我们的这一念，就包容了无限的时间，包容了一切的一切。这层意思再一展开，那无穷无尽的三千大千世界，那无穷无尽的宇宙，又是相互融摄的，无限遥远的东方与无限遥远的西方，乃至南北、上下、左右、前后、过去未来的无限空间，彼此毫无间隔，不说近在咫尺，连秋毫之末这样无限小的距离都不存在。总之，时间的无限和空间的无限全都消融在人们现在当下的这一念之中。这似乎比天台宗的一念三千还要来得直截，来得了当，极乐的佛土与铁围山下的地狱竟无一丝一毫的隔离，诸佛菩萨和六道轮回中的众生也没有一丝一毫的差别，一念之中，万法齐具，无缺无漏，不多不少。而说明这样宏大境界的，就是华严宗的“理无碍、事无碍、理事无碍、事事无碍”及有关教义。

天台宗的教义是从《法华经》中引申发挥而来，华严宗的教义则是从《华严经》中引申发挥而来，而且同样具有“说己心中所行法门”的气概。《华严经》曾描绘了释迦牟尼佛成道时所证悟的“大圆镜智”的非常境界，在“大圆镜智”中，一切万有无不映现：山河大地、风土人情、日月星辰、地狱、人间、天堂、佛土，乃至十世古今，无边刹土，一切一切，无穷无尽的事物全都映现于其中。华严宗因此推论，人生宇宙，过去未来，善恶美丑等一切事物和现象既是无穷无尽，无边无际，但同时又相互融摄，既有个体的特殊性，又有彼此相互贯通的一体性。基于此，华严宗建立了独特的法界缘起这一学说。

依唯识学而言，法谓轨持，有事物、本质、特性、规律等多层意义；界为分界、类别。如十八界就是六根六尘六识的总合，为区分其性别和功能，故用“界”来区别。而一般佛教内泛指的这个法界，则超出了唯识学所下的定义，而成了既是本体宇宙，又是现象宇宙，既是心又是物的一种全新的范畴。说到底，法界就是真如、实相、宇宙、世界和人们都拥有的这个心。

在佛教内，因经论或宗派的不同，对法界的开合分类也有所不同，有一法界、三法界、四法界、五法界、十法界等多种表达方式。一法界就是缘起法界、真如法界、一真法界、清净法界。前面“一念三千”中天台宗曾讲了十法界。华严宗则既讲一法界，也讲三法界，还讲四法界、五法界和十法界。华严宗的初祖杜顺大师在其《华严法界观》中建立了理法界、理事无碍法界和事事无碍法界。

观是止观的观，是在禅定的基础上对般若进行专修。天台宗的根本是智者大师的《摩诃止观》，摩诃是印度古梵音，意思是大，就是宏大的止观。华严宗的《华严法界观》也是一种宏大的止观，“华严”是《大方广佛华严经》的简称。大为体，方广为用，佛为果，华严为因。另外，华又被喻为万行，严被喻为大智。总的意思是以大智慧为主，运行于万事万物之中，“严大方广，成佛果也”。而法界则唯一真法界，总摄宇宙万有，就是人们的这个心、这个念。心与万境相融，于是就产生了理法界、理事无碍法界和事事无碍法界。《华严法界观》是华严宗重要的观法，又较为简要，下面作一些介绍。

在《华严法界观》中，理法界就是真空观。所谓真空，就是“非断灭空，非离色空，即有明空，亦无空相”的这么一种观法，或因修观而达到这么一种精神状态。理是指世界万物同一理性，真如平等，无有差别。是说物质世界的客观性与精神世界的主观性同一而无别无异。理法界的真空观有四层：第一层是“会色归空观”，第二层是“明色即空观”，第三层是“空色无碍观”，第四层是“泯绝无寄观”。这四层空观，都是要使主观精神在“色空”的关系上步步深入和拔高，使自己在万事万物的现象中达到“自在无碍”和“泯绝无寄”的超然。

在《华严法界观》中，理事无碍法界就是理事无碍观，理是心意识演绎出来的，无形无相，全在事物之中，与万事万物互为存亡，互不相碍。无碍是华严宗的重要范畴，指心、事、物、理之间一体互摄，没有丝毫的隔障。万事万物不会因时间、空间或物体的隔障而丧失一体性的联系。如同爱因斯坦的那个“宇宙统一场”一样，从星系到尘埃，从宇宙的初始到终结，这个“宇宙统一场”总是无碍地作用于整个宇宙的任何角落。而这个理事无碍法界就是要说明理由事显，事中含理，宇宙万法因其“无自性”而能缘起。理不碍事，事不碍理，因缘而生的一切俱无自性，所以才能理事两俱无碍。从这里可以看到精神与物质的同一性，可以看到运动的无限性和精神创造的自由性。理与事无碍，事物可以无穷地变化，精神可以无穷地创新。如何达到这样的境界呢？在理事无碍观中对此建立了“十门”。

一是“理遍于事门”。人生宇宙，不论自然的，社会的，宏观的，微观的，事物总是无穷无尽，所以其中的“理”也是无穷无尽的，并存在于无穷无尽的事物中。事物又在发展中，总有新事物产生，新事物也是无穷无尽的，新道理也是无穷无尽的，所以事无止境，理也没有止境。

二是“事遍于理门”。既有其理，必有其事，精神同样可以产生物质。理与事无碍，事也与理无碍，理既然遍于事，同样事也遍于理。好道理生好事，恶道理生恶事。

三是“依理成事门”。现代的自然科学、技术科学、大工业生产似乎证明着这个古老的命题，有了一个“理”——图纸，产品就能制造出来。另一方面，如孔子所说的“必以正名，名不正则言不顺，言不顺则事不成”，就是这个道理。

四是“事能显理门”。中国人爱说实践是检验真理的唯一标准，事成则理成，要证明一个道理是否正确，最好是把能说明这个道理的事做出来。

五是“以理夺事门”。世间以理夺事的现象屡见不鲜，那些新理论、新科技不是不断地对旧事物进行淘汰吗？佛教般若的精神就是空，空是大破大立、不停息的否定精神，不让人们世俗的主观精神在任何事上有歇泊之处。这样才能达到彻底的自由和解脱。

六是“事能隐理门”。理能夺事，往往是理强于事。事能隐理，则是事强于理。这里的意思与黑格尔的“异化”相接近。正因为事能隐理，所以就应加强理的力量，使理不为事所夺。其实理事原本相即无碍，夺与不夺，隐与不隐全在主观精神自身的慧力。华严宗的这些观法，就是精神的层层突破和迈进。

七是“真理即事门”。中国历史上就知与行的关系有过深入的探讨，有知难行易之说，有行难知易之说，还有知行合一之说。这些都是因人因事因缘的不同而有种种立论的差别。华严宗在这里是扬弃了时间、空间和人事上的外在性，就理就事而言，真正的理必然有事与之相应。如太空飞行古来就有其理，人类也能够在太空中飞行，在古代不能成其事，在今天就得到了证明。再如大同世界是真理，人类的发展必将进入大同世界，在今天虽然没有达到，那么明天、后天总会达到。真理即事，这是在人们生活中普遍存在的，在人们的心目中总有各种各样的理驱动着人们去做各种各样的事。

第八是“事法即理门”，第九是“真理非事门”，第十是“事法非理门”，这三门都是对前面七门的扬弃和升华，第九门又扬弃第八门，第十门又扬弃第九门。总之是用般若缘起性空之理，对理对事进行反复的、多层次多方面的观照，以达到这种理事无碍的境界。要知道，理事无碍是“中道”，因为这种处于“无碍”状态中的理和事，即非空，也非不空，无碍，你能说出其中的意味吗？

在《华严法界观》中，事事无碍法界就是周遍含容观。指万事万物各有自性自相，各有各的个体性和特殊性以区别于其他事物，所以组成了纷纷芸芸的现象世界。但因“理”行于其中，为“理”所包容，如虚空一样互摄无碍。“以理容事，全事如理，所以无碍”。事物与事物之间“事事相望，多缘互应，一多相即，大小互容，重重无尽”，所以无碍。在事事无碍的这个周遍含容观中也开了“十门”让人一层一层地深入。

一是“理如事门”。万事万物莫不有其自性，这个自性就是该事物的“理”，这个“理”与该事物丝丝入扣，不离不舍。如盐是咸的，糖是甜的。盐就不可能是甜的，糖也不可能是咸的，因为理必如事，与事相应。孔子讲“君君臣臣父父子子夫夫妇妇之道”是理如于事，现代社会讲责权利，讲岗位职责也是理如于事。社会生活如此，科学技术和生产领域更是如此。

二是“事如理门”。理大事也大，事大理也大；理深事也深，事深理也深。在人们的主观精神中，在社会的不断前进和发展中，往往是事跟随着理行走，人们总是把理想转变为现实。那些不能转变为现实的理想，当然事不如理或理不如事了，这些理和事就是虚假不实的妄见。

三是“事含理事门”。在华严宗看来，不论理与事或事与理，总是处在一与多，或一与万有的关系中。哪怕一粒无限小的“微尘”，都可以“容摄无边法界”，所以宇宙万法都可以在任何一个别的、特殊的现象中得到全部的显现。既然“微尘”有这样无边的性能，那么“一切法”同样有这样的性能。如一张小木桌，必是某株树木被人砍伐后加工做成的，这株树有其漫长的种类发展演变史，其光合作用可以与太阳乃至宇宙群星搭上关系。而木匠则是社会的人，有着全部的社会关系的信息，如木匠的斧锯刀尺可以联系到无穷的关系，木匠的衣食住行也可以联系到无穷的关系。而从购买使用这张小木桌的人也可以联系到无穷的关系，等等。

四是“通局无碍门”。通局是万有的联系，这种联系，如同宇宙中群星辉映，在虚空中没有半点障碍。每一个星球的光辉都照耀着宇宙，同时又接受其他星球光辉的照耀，于是形成了一张无边无际的“光网”，互交互融，并成为一体。

五是“广狭无碍门”。事理之间，不论大小一律平等。既然“通局无碍”，“事理互融”，那么形态上的大小、广狭、深浅、远近、是非、善恶等一切差别就没有绝对性。何况以相对论而言，如庄子所云：“天下莫大于秋毫之末，而太山为小；莫寿于殇子，而彭祖为夭。”大有大的有限性，小有小的无限性；大小、有限无限的统一就是这个广狭无碍门。

六是“遍容无碍门”。一可以进入无穷之多，无穷之多可以归摄于一。无穷多的每一个单一个体又同时含摄了无穷之多，所以称之为遍容无碍。

七是“摄入无碍门”。遍容无碍偏重于多与多之间的“遍容”与“无碍”，这个摄入无碍则专指一与多的那种“摄入”和“无碍”。

八是“交涉无碍门”。前面均就性能而言，这里专就动态而言。有“无碍”的那种互摄互融的性能，当然必有能够互融互摄的“交涉”关系，这种“交涉”同样是“无碍”的。正因为有“交涉无碍”，那种种“事事无碍”才能得以成为事实和真理。

九是“相互无碍门”。我中有他，他中有我，彼中有此，此中有彼，彼此互融互在。一就是一，一就是一切；一切就是一切，一切就是一，相互无碍。

十是“溥融无碍门”。溥者普也，包括一和一切，同时互融无碍，无须在时间和空间中加以论证，融会了前面那九门。

以上是对《华严法界观》所作的极为粗浅的介绍，当然不是严格意义上的华严教观。严格意义上的华严教观要严密和深入得多，而且与专门的修行有关。《华严法界观》也是一种心法，是华严宗人禅修时所作的一种系统性的，以华严教义为宗旨的思维修，而且是落实在具体的意念或念头之上。如圭峰宗密大师在对《华严法界观》所作的注解后面，有一段有趣的偈颂，叫《漩澓颂》：

若人欲识真空理，身内真如还遍外。
情与无情共一体，处处皆同真法界。
只用一念观一境，一切诸境同时会。
于一境中一切智，一切智中诸法界。
一念照入于多劫，一一念劫收一切。
时处帝网现重重，一切智通无罣碍。

帝网就是印度神话中的帝释天王的宝网，这张宝网的线如激光束，网线是钻石珠宝结成。网线与网珠光辉映，每粒珠宝都映现出宝网的全体。华严宗和佛教其他宗派都爱用这个故事来比喻宇宙万物间的相互关系，归根到底是念头与念头的关系。华严宗的法藏大师在讲这个“事事无碍”、“圆融无碍”和“缘起无尽”时，曾用了十面镜子分十方安立，在这十面镜子中间放了一尊佛像，并点了一支蜡烛。于是这十面镜子“互影交光”，佛像和烛光重重叠叠，使那些学者们立即领悟到了法界缘起、圆融无碍的道理。

法藏在为武则天讲“十玄门”时，武则天不懂，他以殿前金狮子作为比喻，从心念、金和狮子的关系上反复喻说，百余句话，就使武则天“开悟其旨”。

杜顺大师的三法界后来又被扩充为四法界，就是在前面加了一个事法界。后来还有十法界之说，就是事法界、理法界、境法界、行法界、体法界、用法界、顺法界、达法界、教法界、义法界这十种，不外是四法界的引申。

华严宗的“圆融周遍”、“理事无碍”、“事事无碍”，把人们狭隘的眼界引向了总体宇宙的这个“华藏世界海”之中，把个体的认识活动纳入了星光辉映的群体智慧的海洋中。以往佛教讲智慧，大多是着重于当事者个人——离开了当事者个人，一切就无法谈起。但佛法毕竟是面向众生的，有无穷无尽的众生，又有无穷无尽的佛菩萨，如何使这种种差别的精神世界得到统一，华严宗的这个“圆融无碍”、“法界缘起”的学说就显得极为重要了。宇宙现象的差别性和统一性，人们主观精神和认识的差别性和统一性在华严宗的教义中都得到了圆满的解释，而且归摄在人们的那一念中，统一在无穷的精神网络中。

再如法藏大师的十玄门，仅就题目就十分有趣，稍有哲学常识的人也不难理解，这十玄门分别为：一、同时具足相应门，二、因陀罗网（即帝网）境界门，三、秘密隐显俱成门，四、微细相容安立门，五、十世隔法异成门，六、诸藏纯杂具德门，七、一多相容不同门，八、诸法相即自在门，九、唯心回转善成门，十、托事显法生解门。这十玄门无不与心理和思维认识有关，并可使认识和思维开窍。

不论唯识、天台、华严、净土和禅宗，其理性成分都相当重。从上面唯识学、《大乘起信论》、天台和华严的教旨中看不到什么神异和荒诞，唯有纯精神的力量在其中运行。它们都是充分运用理智之光，来观照我们这个世界，观照我们这个心灵。特别是中国佛教，如天台宗和华严宗所设立的各种止观，已经没有印度文化中的那层神秘色彩，给人以现实的、智慧的精神力量。

四、顿悟成佛话念头

——禅宗方法略说

在中国佛教史中，影响最大，并得到充分发展的宗派首推禅宗。若从盛唐时的六祖慧能大师算起，历朝历代，禅宗都是中国佛教中的主角，其声势和力量远远超过了唯识、天台和华严。一千多年来，禅宗在中国佛教中的地位是崇高的，几乎没有遇到什么挑战，也没有人对它有过什么怀疑。但在近代，随着唯识学的复兴，佛教的理性主义加强，对禅宗的质疑就随之而来。

禅宗号称“教外别传”，教是佛教的经教，也就是以经、律、论这“三藏”作为理论系统和立教的依据。禅宗既是“教外别传”，它的行为则不受经教理论的规范，也不求在经教中去寻求依据。加上唐代后期禅宗完全抛开了“籍教悟宗”的“如来禅”，而别标“超佛越祖”的“祖师禅”，更使禅宗和经教的联系纽带断裂。但那时唯识、天台、华严这几家以经论传家的大宗派已经衰落，禅宗“祖师禅”的形成几乎没有遇到什么阻力，加之“祖师禅”自身也是光芒万丈，耀人眼目，人们趋之唯恐不及，哪里还谈得上去怀疑呢？何况“祖师禅”本身，对因循经教就不屑一顾，甚至大加斧钺。在唐武宗灭佛运动之后，唯识、天台、华严这几家宗派在丧失了立宗的典籍之后（这些宗派丰富浩瀚的典籍，被唐武宗焚毁殆尽），自己尚失去了立宗的依据，又哪有力量来对禅宗质疑呢？

近代唯识学复新，加之有众多的高级知识分子的参与，随着对唯识学理论研究的深入，对禅宗的质疑和发难也就随之而起。

首先是对禅宗“明心见性，顿悟成佛”的怀疑。禅宗“顿悟”的标准是什么？这样的“顿悟”就能成佛吗？禅宗既自称“教外别传”，加上又抛开“籍教悟宗”的“如来禅”，所以在经教中是找不到依据的。禅师们的依据是一代一代的“以灯传灯”，“以心印心”，局外人根本不知道其中的准绳是什么。

另外，禅宗的开悟与教下各宗所讲的开悟是同是别呢？教下的开悟就是“见道位”，这在唯识学中是有次第、有标准、有依据的。何况“见道位”远未成佛，后面还有“修道位”和“究竟位”，“见道”仅仅是第六意识的清纯，对作为“我”的第七末那识，对于“一切种”的阿赖耶识尚无根本的影响，还处在“转”的过程中，并没有取得最终的成果。何况一经“见道”就成了“初地菩萨”，那些“开悟”的禅师们是菩萨吗？菩萨就有“化身”和“报身”，就有相当的神通变化，这些禅师们有吗？还有许多，如禅宗一方面标榜“顿悟”，后来又安立“三关”，即破本参、透重关、砸牢关这“三关”之说。既是“顿悟”，就不应有“三关”的次第；若有“三关”这种渐进，就谈不上“顿悟”。加上明清以来，禅宗也逐渐衰落，没有令人振奋的气象，机锋棒喝、文字禅和念佛禅远非唐五代和两宋时禅宗那样的意气风发，以至有人把明清以来佛教衰落的责任，归咎到禅宗的头上——是禅宗破坏了佛教经教的理性传统，是禅宗扫荡了佛教的理论系统。回顾南北朝和盛唐时期佛教内那种朝气蓬勃、百花齐放、群星灿烂的气象，人们必然会产生这样的看法。

的确，与唯识宗的严密，天台宗的精细，华严宗的博大相比，禅宗的确没有系统的充满理性的说教。它的机锋、棒喝、参话头、默照以及许多相应的开示、小参、上堂等禅师们的“法语”，的确如禅师们所说的，是“羚羊挂角，无迹可寻”，理性的思维、逻辑的推论似乎对此毫无下手之处。有人说禅宗之禅就是一种“不确定”——天知道是什么东西！所以，如果要“研究”禅宗，那就找错了对象，因为禅宗之禅本身就不是研究的对象。不过，如果把禅宗之禅纳入精神现象，作为一种心理状态来进行体会，或许能使人对它有所了解，或许也会体验到其中的妙处和乐趣。

前面我们对唯识学、天台和华严都作了一些介绍，这些介绍，着重于它们在人们现实精神、心理中的意义，而非仅为学术性的探讨，对禅宗也是如此。因为佛学是心性之学，并且是实践性的心性之学，如果作为学术对象来研究，就失去了它的根本意义。禅宗的产生，原本就是对佛教学术化的一种批判。禅宗自称“佛心宗”，它要求众生之心升华——回归为佛心，这种升华——回归，是在人的精神和生命之中，而不仅仅停留或周旋于认识之中。禅宗的方法，类似于老庄的“绝圣弃知”，甚至更为干净彻底，因为老庄所“弃”的圣人之道是儒家的，不是自己的。而禅宗所“弃”的，恰恰是佛教自身经千年发展积累的那一份庞大的精神成果。禅宗认为这已经是向佛心升华、扬弃了回归的障碍和累赘——释迦牟尼成佛时何尝有这么多的累赘呢？理论需要完备和尽善尽美，而实践则需要简捷明快，这是佛教修行中所遇到的矛盾，一个佛教内的二律背反，学佛需要经教作为理论的指导，没有佛教经论作为指导的修行决非佛教，绝对不能成佛；另一方面，理论的东西又绝非真正意义的佛教，理论并不能使人成佛，佛教经论往往成为“所知障”，是修行实践中的大敌。唐代禅师似乎就意识到了这个矛盾，以至有“依经解教，三世佛冤。离经一字，如同魔说”之论。

但禅宗所说究竟为何物？下面略作一番探讨。

（一）大机大用和全体起用
——从生命和精神的整体入手

禅宗之禅是什么呢？是一种禅定或高级禅定，还是一种止观或高级止观呢？都不是。

在前面的介绍中我们曾经看到，禅定的定，或止观的止，都是第六意识的一种功能状态。第六意识有明了位、散心位、睡眠位和禅定位四种状态，禅定仅是其中的一种而已。在这样的大前提下，哪怕修行者穷尽了四禅八定，也只是在第六意识中打转而已。定就是“言语道断，心行处灭”，也就是使思维在运动中停顿和静止下来，如同放录像带时，按一下静止的键钮，进行中的境像就静止不动了，被“定”在那儿了。定的定义就是“心一境性”，心与境相即，不移不动，等同于录像中的静止状态。在这样的状态中，时间凝固了，空间也凝固了，被流动思维所遮掩的深层精神中的某类现象，在定中显现了出来——这是生命和精神中更为内在的部分，思维只能及其表而不能入其里。定——所谓“波静珠沉”——思维在定中以非思维的形式反而得以深入里面进行观照。这就是禅定的功用。

禅的另一层意思是思维修。就个人而言，其理性的思维并非能完善地、长久地、稳定地处于明如镜、止如水的状态，经常因思维中的杂质干扰而处于散乱、盲目的迷宫中。就思维本身而言，不仅需要受到保护而不受干扰，还需要获得更大的能量来支持和强化其功能。同时，思维也需要进行保养和矫正，使之处于最佳程序的状态。若不对思维进行强化和优化性的调理，认识就会处于无力状态，也会出现偏差，而对真理的追求和把握，需要思维和认识的绝对清彻和正确，所以思维修对认识而言，是极为重要的。

佛教对思维修所编制的程序就是各种各样的“观法”，“观法”就是思维修。各宗各派有自己特有的观法，从印度的白骨观、数息观、中观到中国的天台止观、华严法界观等都是思维修。用现在的话说，这种种思维修，实际就是一种佛教世界观，通过不断地修观，使自己的精神心理和认识，与这些世界观融为一体，并在修定时，在定中产生相应的作用和效应。

不论是禅是观，也不论是定是止，归根结底仍然不能超越第六意识的天地，在止观的作用下，可以“见道”——达到对绝对真理的认识，这就使第六意识的作用和力量发挥到了极致。一经“见道”，思想中的各种“烦恼见”就可以得到根除或转变。但对于第七末那识这个烦恼的根本源，对于第八阿赖耶识中的“一切种”——这里面的大多内容是以“业力”形态潜藏于其中的，“见道”后的第六意识对此是没有直接功用的。第六意识的功用只能是对“现行”于意识中的东西发生作用，对尚未“现行”的一切则只能望洋兴叹了。

另一方面，第六意识能“见道”当然是美事，如果没有“见道”，反而成了“见见”，它的理智活动成了“所知障”，反而束缚了自己，这就惹了大麻烦。所以禅宗常称这一类陷于佛教文字理论陷阱中的学者为“鬼窟活计”，说道理时头头是道，而行为表现则完全是另一回事。这是佛教修行者常常遇到的难题和困境，使人左右为难。怎么办呢？禅宗在自己的修行实践中提出了“全体起用”、“大机大用”等方法，为修行者指出了一条走出困境之路。

圭峰宗密禅师在《中华传心地禅门师资承袭图》中评论马祖大师的禅风时说：

> 起心动念，弹指动目，所作所为，皆是佛性全体之用，更无别用。全体贪嗔痴，造善造恶，受乐受苦，此皆是佛性……一切天真自然，故所修行理，宜顺此而乃不起心断恶，亦不起心修道。道即是心，不可将心还修于心；恶亦是心，不可将心还断于心。不断不造，任运自在，名为解脱人。无法可拘，无佛可成……心性之外，更无一法可得故，故但任心即为修也。

“起心动念，弹指动目，所作所为”——这是包括了眼耳鼻舌身意全部八识的活动。禅宗认为，“全体贪嗔痴，造善造恶，受乐受苦”——这一切精神内容、行为活动及其最终的承受都是佛性，而且都是“佛性全体之用”。而这一切，又都是“天真自然”的，所以真正意义上的修行，就应该顺从人类这种自然天性，既不起心去修道，也不起心去断恶，当然更不能起心去作恶。为什么呢？因为佛就是这个包括善恶等一切精神内容的心。既然佛就是这个心，所以修行是多余的；恶也是精神的功能之一，也是这个心，所以又怎么能“断”呢？又如何去“断”呢？所以不论善恶、道与非道，都应采取“不断不造，任运自在”的方式和风格，做到了这一点，就是解脱，就是佛了。

马祖大师的法孙黄檗禅师在其著名的《传心法要》中也说：

所言同是一精明，分为六和合。一精明者一心也，六和合者六根也。此六根各与尘合……中间生六识，为十八界。若了十八界无所有，束六和合为一精明，一精明即心也。学道人皆知此，但不能免作一精明六和合解，遂被法缚，不契本心。

在黄檗禅师这里，“一精明”就是“全体”意义上的心，但许多修行的人却不知在全体上起用，仅停留在思维上，知识上，“遂被法缚，不契本心”。所以黄檗禅师还说：“学道人多于教法上悟，不于心法上悟”，“诸佛与一切众生，唯是一心，更无别法”，“此法即心，心外无法，此心即法，法外无心”。理论毕竟只是理论，实践才是入道之门，下面看几则禅宗公案。

（庞居士）后参马祖，问曰：“不与万法为侣者是什么人?”祖曰：“待汝一口吸尽西江水，即向汝道。”士于言下顿悟玄旨。

现代艺术中讲“意识流”，其实人的思维活动岂止是“流”，它可以是涓涓泉水，也可以是奔腾汹涌的长江大河。对佛法的追求，三藏十二部的经论又如同意识的海洋，人的精神和认识在其中东流西淌，到底应流向何处呢?“一口吸尽西江水”只是一个比喻，意识的活动如江水一样自由流动，如果修行者能把这万古不息的思维江河“一口吸尽”，其中就另是一番风光了，“吸尽”就“无漏”，意识的全体功用就会展现。

人们对于自己的精神和意识常常处于“沿流观境”的状态。思维的本质就是流动，这就决定了其中的内容永远只是部分和片断，达不到对全体的把握。“一口吸尽”则能把握思维的动与静、部分与整体乃至动态思维和禅定意识中所达不到的地带。要知道，第六意识和末那识、阿赖耶识原本是一体之心，为区别心的三层功能而安立了这三种识，三者原本没有不可逾越的鸿沟。“一口吸尽西江水”不仅仅“吞尽”了第六意识，包括第七末那识和第八阿赖耶识也是被一口吸尽了的。在这样的“全体”作用之下，禅宗的方法就超越了常规止观被囿定的第六意识，为佛教的修行，为“顿悟”开辟了一条大道。

佛教修行，以“信、解、行、证”为其完整的体系，分别被称为“信门”、“解门”、“行门”和“证门”。以净土宗而言，是“信行”并重；以天台和华严而言，是“行解”相应；就唯识宗而言，则偏重于“解”；就禅宗而言，则“行证”并举——这大概是中国佛教中的常规说法，主要是禅宗的说法，其他宗派未必苟同。禅宗的确是这样认为，《五灯会元》中许多禅师对唯识学都有相应的评判——学习唯识学多年，不解决实际问题，于是才改修禅宗。以至他们都认为唯识学仅仅是“解门”——知识的求证，并非实践的场所。要成佛必须实践，要“行”，停滞在“解”上是不解决问题的。

如马祖的弟子盐官齐安国师，有一次，一位讲华严的法师来请教，他问那位法师：“华严讲几种法界？”法师说：“广说则重重无尽，略说则有四种。”盐官国师把拂尘一竖，问：“这是第几种法界？”那位法师回答不出，盐官国师说：“思而知，虑而解，是鬼家活计。日下孤灯，果然失照。”

这是对“解”的批判，如何使修行者自然而然地“行”呢？《五灯会元》中有一则公案很有趣。有个和尚问禅门老宿：“狮子捉兔亦全其力，捉象亦全其力。未审全个什么力？”老宿说：“不期之力。”不仅狮子捉兔捉象要调动全身各个部位协调作战，人们任何一种行为活动，都是全身协调配合参与的。如走路虽然是脚的事，但眼要看，耳要听，心要想，手也不能去捣乱——攀着铁栏杆不让脚走路，五脏六腑为其提供能量。同时仅仅走路也得使全身各部位的肌肉与腿脚的运动相协调。

禅宗的“全体起用”也是这样的，不仅要调动第六意识的力量，而且要调动整个八识的力量，这样来修行，就可以避免“解”的偏隘。

如唐代道吾禅师问云岩禅师：“观音菩萨千手千眼，你说其中哪一个是正眼？”云岩说：“如人夜里摸枕头。”道吾说：“我懂了。”云岩问：“你在什么地方懂了？”道吾说：“遍身都是眼啊！”云岩说：“还不准确，应该是通身是眼。”“正眼”是对佛教智慧的比喻，这个智慧不仅是第六意识的，八识和全部身体的每一部分都是有份的，因为它们全都投入和参与了。理智活动是全部生命和精神活动的结晶，狭隘片面地使用其功能，反而使人的身心不协调，若身心与理智相协调，那就彼此都有益了。“通身是眼”仅是一个比喻，意在打破佛教修行中第六意识，也就是“知解”对修行的垄断，进而打开直通第七末那识和第八阿赖耶识之门。其中的意味是明白的，方法也是极为巧妙的。

宋代著名禅师圆悟克勤说：“全心即佛，全佛即人，人佛无异，始为道焉。”（《圆悟心要》）其中的要害是一个“全”字。众生们不能“全”用其心，所以是众生。“全心”就是八识并用，但众生只知道用前六识，并为第七末那识所利用，不能作全部八识之主。“一口吸尽西江水”、“通身是眼”等都是“全心”、“全体”的作用。再如信解行证，信是全心之信，解是全心之解，行是全心之行，证是全心之证。不能全心、全体投入，佛与众生就圣凡有别；若能全心、全体投入，那么佛与众生就“一二无差别”了。

“全体起用”就是“大用”，许多禅师对这个“大用”是有严格的尺度的，也有一定的示范。如仰山禅师问沩山禅师：“怎样才能做到大用现前呢？”沩山没有回答，从法座上走回了方丈室。仰山跟随其后，沩山问他：“你刚才提的是什么问题？”仰山重复了一遍。沩山说：“那你还记得我回答的话吗？”仰山说：“记得。”沩山说：“我说了一些什么呢？”仰山转身便走了出去。

再如著名的云门禅师在一次说法时说：“大用现前的时候，是没有机械教条的。”有一个僧人问他：“那如何是大用现前呢？”云门禅师把拄杖一举，大声地喝道：“释迦老子来了啊！”

这两则公案，都不是用理论来解释什么是“大用”，而是用自己的行为来表现这个“大用”，给人以直接生动的感受。因为理论的解释只能从认识到认识，不能超越第六意识，而用行为方式来表现，所得的感受就冲破了第六意识的界限。如体育运动，理论固然重要，但运动员要取得冠军是需要“全体”投入的，不把整个身心——特别是眼、耳、身、心、意志、毅力、体魄、技巧全部投入，是得不到好成绩的。

再如石霜庆诸禅师在道吾禅师那里学习时，一次他问：“如何是触目菩提?”道吾没有理他，却去呼唤侍者，侍者赶来，道吾吩咐说：“你去给观音菩萨的净瓶添些水。”过了一会儿，道吾问石霜：“你刚才问什么呢?”石霜重说了一遍，道吾禅师走下禅床，把手一背，一言不发地回了方丈室。这一下，石霜禅师猛地开悟了——这么多的行为都是菩提，都是道，都让人“触目”了，这类公案在禅宗内举不胜举。

全心，一方面是心意识三大功能，即积起储藏之心、恒审思量之意与了明之识三者，即全部八种识的统一；另一方面，是全部精神对象及内容，也就是全体精神及其对象为全心，全部五位百法为全心，三十七道品为全心，乃至全部烦恼为全心。禅宗在天台宗的“性具善恶”上更进一步，“一口吸尽西江水”，哪管里面是净水，是污水，总之是一口吸尽。六祖大师说：“何期自性，本自具足……何期自性，能生万法”，这个“具足”、“万法”，都是包容了善恶的。只知善，不知恶，就不能穷尽万法，就会心有遗漏，就不能被称为“一切智”，更不能被称为“一切种智”或“一切智智”。佛菩萨太神圣了，神圣得引起了人们的迷信和误解，“纯善无恶”就是其中的迷信和误解之一。

以佛教而言，善是教化的主题，“诸恶莫作，众善奉行，自净其意，是诸佛教”，这是天经地义的，为大众所奉行的。但并不排除在特殊的情况下实施“恶教化”。佛经中许多降魔的故事且不说，显教、特别是密教内许多金刚明王都是佛菩萨行“恶教化”的化身。如现愤怒形、神王形、鬼王形甚至各种畜生形的金刚明王像。这些“恶教化”的形相，对内地看惯了“温文尔雅”佛教的人来说，简直不可思议。

禅宗在修行方法上有许多创新，“全体起用”是其中一种，而“恶教化”也是其中的一种。北宋著名的汾阳善昭和石霜楚圆这两位大师，就爱使用“恶教化”。

汾阳善昭禅师有一天对庙里的僧众说：“昨天晚上，我梦见死去的父母向我要酒肉钱，我心里难过，所以不免要顺随风俗习惯，买点酒肉纸钱来祭祀一番。”但汾阳禅师在祭奠之后却独自坐在案桌上旁若无人地喝酒吃肉，僧众们都看不下去，一起指着他骂：“今天才知道你原来是个酒肉和尚，有什么资格给我们当老师呢?”于是打起包袱离开了。

只有大愚守芝、石霜楚圆等六七个人没有走。汾阳禅师却说："那么多闲神野鬼，只消一盘酒肉、两百纸钱就打发干净了。《法华经》说：此众无枝叶，唯有诸真实。我这里现在就是清净道场了。"石霜楚圆留了下来，他不是没有头脑，而是很有头脑，他知道老师是极有功夫的，所以留下来。但汾阳禅师却让他去打杂，从不允许他上堂问法。他不甘心，也多次冲闯入祖堂向老师求法，结果次次都遭到汾阳禅师的辱骂。有时听汾阳禅师东拉西扯，又尽是一些诽谤、贬低其他禅师的恶劣语言。有时也给学生们讲一讲课，但常常夹杂许多庸俗下流的事情。这实在让石霜楚圆看不下去了。有一次他向汾阳禅师诉苦，并有所抱怨，但他话还未说完，汾阳禅师举起棒子就打。石霜楚圆用手抵挡，汾阳禅师却把石霜楚圆的嘴一掩。就这么一掩，石霜楚圆就大彻大悟了，说："这下我才知道临济宗使人开悟的方法，简直不是一般人所能理解的啊。"

这两则故事说明了什么呢？汾阳禅师这是在用"恶"的那一面让人悟道。一般人学修佛法，只知善法，不知道佛法的善是针对着恶而言的。这里用"恶"，恰恰又是针对着善的，因为这两者都是片面的心性，未能得其全体。只有阴阳合璧，善恶熔融，才得尽心性全体的妙用。在生活中常常有这样的情况，看见一个老实巴交、中庸平和的人，这类人浑身上下没有一根刺，顺来顺受，逆来亦顺受——这个人有点脾气多好啊，人们可能有这样的感叹。另一方面，如果一个人脾气太大，浑身是刺，动辄横生是非——这个人少一点脾气多好啊！于是人们又可以引发这样的感叹。人脾气大了不行，一点脾气都没有也不怎么好，因为其中缺少人格的圆满。同样，佛法的圆满，本身就是人生的圆满，就是人心的圆满，就是人们精神的圆满，如果这个精神中还欠缺部分内容，又怎么能够圆满呢？天台讲"一念三千"，"圆融三谛"，华严讲"理事无碍，事事无碍"，如果心性中缺少了一部分，哪怕是恶，那还称得上"圆融"，称得上"无碍"吗？

禅宗的方法，并不注重于理论，而在于活泼泼的那一念的灵动，要在这一念之上转身，在这一念之上悟入，要在这一念之上成佛。这一念，既是人们平常的思善思恶的一念，又不是思善思恶的一念。六祖说“不思善，不思恶，正恁么时，那个是上座的本来面目”，马祖说“即心即佛”，马祖又说“非心非佛”，马祖还说“不是心，不是佛，不是物”，其实都是指的这一念。这一念是“全心”之念，是能善能恶、能动能静的一念；是能生千念万念的一念，是能容千念万念的一念；既是刹那而灭的一念，又是一念万年、万年一念的那一念。在这一系列意义上，禅宗通过这“当下一念”，打开了心灵沉重之门，使人在直接的感受上体悟到全部精神、全部佛法的奥秘。如果仅仅停留在认识的比量活动上，仅仅停留在对书本的认识上，是谈不上这样的感受的。唐末五代时，有个和尚问投子大同禅师：“在全部经、律、论这三大部的教藏内，还有没有一些更特殊、更稀奇的事呢？”投子禅师说：“有啊！就是能把经、律、论这三藏产生出来的那个东西嘛。”——这个东西是什么呢？就是我们这个心，这个心上灵动着的那一念。再如云门宗的祖师云门文偃禅师，一天寺庙的僧众都在搬柴，他用手拈起一小块柴片，又抛在地上，说：“全部佛教，三藏十二部经论，只是为了说明这个。”全部佛教经典，在整个人类文明所创造的文化中，只是其中很小一个部分，把全世界的图书都收齐，里面的内容又说明了什么问题呢？要知道，这一切都是人的自我体现，都是从人类的思想中、心中以及心中的那“一念”中流出来的。“这个”，禅宗常常用这不确定的语言来提醒人们对心中的那一念进行体会。“这个”是什么？这“一念”又是什么？明白于此，在禅宗内就算过了一关。苹果是什么滋味，你吃了，知道了，说清楚或说不清楚是没有关系的，总之你吃到了，知道苹果的滋味了。如果自己没有亲自咬上一口，无论别人把苹果的滋味说得如何清楚明白，也无论自己听得如何清楚明白，那滋味仍然不得而知。这就是禅宗对待佛教经论的态度。

圭峰宗密大师在其《禅源诸诠集都序》中，对禅宗的方法和理论有较为系统的说明。他把禅宗的发展和当时的状态分为三个层次，分别是息妄修心宗、泯绝无寄宗和直显心性宗。对照原文看看，不无启迪。

初，息妄修心宗者，说众生虽本有佛性，而无始无明覆之不见，故轮回生死。诸佛已断妄想，故见性了了，出离生死，神通自在。当知凡圣功用不同，外境内心各有分限，故须依师言教，背境观心，息灭妄念。念尽即觉悟，无所不知。如镜昏尘，须勤勤拂拭，尘尽明现，即无所不照。又须明解趣入禅境方便，远离愦闹，住闲静处，调身调息，跏趺宴默，舌拄上颚，心注一境……

这基本上是印度的禅法，一面是心，一面是境；一面是净，一面是染；一面是真，一面是妄；一面是佛，一面是众生。这里面的差距要说有多大就有多大，所以必须修习禅定止观，“依师言教，背境观心，息灭妄念。念尽即觉悟，无所不知”。圭峰大师认为，这是禅宗内的基本层次，不明白“心佛众生三无差别”的道理，不明白“烦恼即菩提”的道理。这种禅修把原本一体的人生宇宙割裂开来，又重新缝合，简直是多此一举。但对那些执迷难悟的人来说，却不失为一种好办法。

二，泯绝无寄宗者，说凡圣等法，皆如梦幻，都无所有，本来空寂，非今始无。即此达无之智，亦不可得。平等法界，无佛无众生。法界亦是假名。心既不有，谁言法界？无修不修，无佛不佛。设有一法胜过涅槃，我说亦如梦幻。无法可拘，无佛可作，凡有所作，皆是迷妄。如此了达，本来无事，心无所寄，方免颠倒，始名解脱……

这是印度禅法和中国道家老庄思想相融合的一种禅法。在先秦道家，特别是《庄子》中，禅的气息是很重的。如“飞鸟之景，未尝动也”，“身如槁木，心如死灰”，“坐忘”、“心斋”等，都是禅定的真实写照。再如老子“谷神不死，是谓玄牝”，“道法自然”，“绝圣弃知”，“无为而无不为”等这类融理论和实践为一体的学说，构成了道家修为的完整体系。禅宗内的牛头宗和石头禅系，的确有着浓厚的道家气息。圭峰大师所用的“泯绝无寄”，恰好也是用的庄子之语，尽管他在用佛教术语来说明这一切。

在泯绝无寄宗这里，已经没有了心和境、净和染、真和妄的差别，也没有佛和众生的差别了。这里是“平等法界，无佛无众生”的境界，修与不修是一回事，“无修不修，无佛不佛”，一切都在绝对的同一中失去了差别和界限。这已是极高的禅法了，但圭峰大师认为还不够，还有更高一层的禅法在它之上，因为这种禅法还没有“活”起来，还没有体现大道的全貌，还没有体现佛性的全貌，于是他又提出了第三层，也就是最高层次的禅法，这就是“直显心性宗”。圭峰大师说：

直显心性宗者，说一切诸法，若有若空，皆唯真性。真性无相无为，体非一切，谓非凡非圣，非因非果，非善非恶等。然即体之用，而能造作种种，谓能凡能圣，现色现相等。于中指示心性，复有二类，一云：即今能语言动作，贪嗔慈忍，造善恶受苦乐等，即汝佛性；即此本来是佛，除此别无佛也。了此天真自然，故不可起心修道。道即是心，不可将心还修于心；恶亦是心，不可将心还断于心。不断不修，任运自在，方名解脱。性如虚空，不增不减，何假添补？但随时随处息业，养神圣胎，增长显发，自然神妙，此即为真悟、真修、真证也。二云：诸法如梦，诸圣同说，故妄念本寂，尘境本空，空寂之心，灵知不昧。即此空寂之知，是汝真性。任迷任悟，心本自知，不藉缘生，不因境起。知之一字，众妙之门。由无始迷之，故妄执身心为我，起贪嗔等念，若得善友开示，顿悟空寂之知，知且无念无形，谁为我相人相？觉诸相空，心无自念，念起即觉，觉之即无，修行妙门，唯在此也。故虽备修万行，唯以无念为宗。但得无念知见，则爱恶自然淡泊，悲智自然增明，罪业自然断除，功行自然增进。既了诸相非相，自然无修之修，烦恼尽时，生死即绝。生灭灭已，寂灭现前，应用无穷，名之为佛。然此两家，皆会相归性，故同一宗。

“直显心性宗”实际上仍然是心念所表现的不同方面。“一切诸法，若有若空，皆唯真性”，这个真性，就是人们的心，而且就是心中这活泼泼的当下的一念。离开了当下的这一念，全体的心就失去了作用和依据。这一念是什么呢？当然不是任何具体的东西，所以必须是“无相无为，体非一切”的，也是“非凡非圣，非因非果，非善非恶”的。这个心，这个当下的一念，既能产生和接受一切，又超然于一切之上，超然于一切之外。这一念就是全体人生和宇宙，就是人的全部生命的基础和精神的基础，也是修道成佛的依据。

同时，这一念又是“空寂之知”，这种知性，“不藉缘生，不因境起”，是绝对的自知和自觉。这个绝对的自知和自觉，是无条件的，没有任何内容的，既是宇宙万有的“体”，也是宇宙万有的“用”；既是“全体”，也是“大用”，所以才有“知之一字，众妙之门”的功用。这是从整个真如上着手，而非仅在第六意识的“止”或“观”上回旋，前面所列举的那些公案，都是对这种“直显真性”的说明。不仅禅宗如此，连高举止观旗帜的天台宗也是如此。天台智者大师制定了那么宏大的止观，但同时又“说止破止，说观破观”，让人们体会那个高于止观的存在。不管怎么说，止观是“我”在修，是“我”用心、用心上的那一念在修，离开了“我”，离开了这个心和心上当下的一念，一切止观都是毫无意义的。但是这当下的一念，并非仅为第六意识的场所，而是联通了眼耳鼻舌身意这八识。圭峰大师说：“其中所说诸法，是全一心之诸法；一心，是全诸法之一心。性相圆融，一多自在。故诸佛与众生交彻，净土与秽土融通；法法皆彼此互收，尘尘悉包含世界。相即相入，无碍熔融，具十玄门，重重无尽，名为无障碍法界。”人们当下的这一念，就是圭峰大师所说的“全诸法之一心”，就是“无障碍法界”，这里没有根尘识的差别，也没有十八界的差别，也没有菩提烦恼的差别，但却含容了这一切。黄檗禅师在其《宛陵集》中也有这样的表述；

据我禅宗中，前念且不是凡，后念且不是圣，前念不是佛，后念不是众生。所以一切色是佛色，一切声是佛声。举著一理，一切理皆然。见一事，见一切事；见一心，见一切心；见一道，见一切道，一切处无不是道；见一尘，十方世界山河大地皆然；见一滴水，即见十方世界一切性水。又见一切法，即见一切心。一切法本空，心即不无，不无即妙有，有亦不有，不有即有，即真空妙有。

既若如是，十方世界，不出我之一心；一切微尘国土，不出我之一念。

这就是禅宗的“全体起用”和“大机大用”的最好说明，但修行者怎样才能使这个“全体”、“大用”的一念不落入第六意识的“知解”中，怎样使这一念达到“全体起用”或“大机大用”的境界呢？

（二）杀人刀、活人剑
——针对念头的机锋与棒喝

上一节对念头的“全体起用”和“大机大用”作了相应的介绍，但说归说，做归做，对这个念头上的“全体”的“机用”，弄不好仍然会落在第六意识的“光影门头”上，变作思维中的“鬼家活计”。对修行而言，这是最难把握的分寸，可以说是没有门径可以通达的，以往研究禅宗的对此也没有作出相应的说明。从上面我们所介绍的圭峰大师和黄檗禅师的有关论述，尽管很精彩，人们显然仍会以第六意识去作理解和把握，这样必然就失去了“全体”的意义。禅宗深知此弊，所以许多大师都不大注重理论的说教，而多采用在行为上“单刀直入”的方式，给人留下超越思维形态的那种感受，并激发修行者“全体”上的“机用”，这种方式就是机锋和棒喝。

前面介绍过“五位百法”，这里结合“五位百法”来看禅宗的机锋棒喝，会有另一番风光。熟悉唯识学的人都知道“五位百法”，但如何结合修行呢？从来也没有听说过禅宗的机锋棒喝与“五位百法”有什么关系啊！

在“五位百法”的“心所有法”中，共有六位五十一个“心所有法”，而分别与眼耳鼻舌身、第六、第七、第八识相应。别境中的五法欲、胜解、念、定、慧都是前六识的心所有法，特别是第六意识的心所有法（只有慧的部分与第七末那识相应）。而第六意识自身的功能，则含有明了意识、禅定意识。也就是说，修禅定，修止观，基本是在第六意识中打转，因为与末那识和阿赖耶识不相应，彼此处于隔离的状态，修禅定止观又如何能对作为烦恼之源的第七末那识发生作用呢？又如何能对含藏过去现在未来的“一切种”的阿赖耶识发生作用呢？仔细分析全部六位五十一个心所，都是第六识的天下，少有七识和八识涉足之处。而戒定慧三学，也大多表现在第六意识上，表现在受第六意识指挥的行为上。那么，对第七识和第八识应从哪儿下手呢？

在六位五十一个心所有法中，只有遍行的触、作意、受、想、思这五个心所沟通了全部八个识，并周遍行于一切心意识的活动之中，而其他心所有法，则不具备这样的功能。遍行这五个心所有法，是整个精神活动展开的枢纽地带，其他全部心所有法，必须在这个地带进进出出，等于是一部极为精妙复杂的电子计算机的总开关。遍行的心所有法的阀门一开，精神活动就开始了。一关，精神活动就停止了。而第七末那识和第八阿赖耶识只有在遍行这五个心所中，才能与眼耳鼻舌身意这前六识交会于一处，作用于一处。超越了遍行这五个心所有法，第七末那识（尽管它与根本烦恼等的十八个心所相应）特别是第八阿赖耶识的作用，就从这个交汇点中潜隐下去了。而戒定慧之学，禅定止观都不处在这个八识共据的交汇点上，唯有禅宗的机锋棒喝，得以在遍行这五个心所有法上大开大合，卷舒自在，出入无碍。

遍行是一个很奇妙的精神状态，首先，它所具有的五个心所有法“周遍行于一切心”——不论眼耳等八种识也好，一切精神内容也好，全部认识的对象也好，都与它脱不了关系。遍行的五个心所有法，又“具遍四一切为所行故”，四一切就是一切性、一切地、一切时、一切俱。其中一切性的性，包括了善、恶和无记三个范畴。一切地的地，是唯识学上所描述的精神修为的层次，如有寻有伺地、无寻无伺地等“九地”。一切时包括了过去、现在和未来。一切具就是“遍诸心王，与八识俱生”。

触、作意、受、想、思这五种遍行的心所，虽然具有善、恶、无记这三个范畴，但实际上只是潜在的性能，尚未成为现实的内容，因为现实的内容，是善和烦恼心所有法。遍行有点类似“喜怒哀乐之未发谓之中”的那个“中”，处于非善非恶、可善可恶和非有非无的状态中。禅宗的机锋棒喝，离不开遍行，因为遍行是一种活泼泼的精神状态，并且是精神状态中的“机”，没有进一步地开展其内容。所以禅宗尽管强调“言语道断，心行处灭”，强调“无念、无相”等剿绝情识和一切思维活动，但因尚有遍行这种精神状态存在，因而并非槁木死灰。所以，禅宗以机锋棒喝的方式使人的精神处于“无心于事，无事于心”的状态时，心不是死的，而是“虚而灵，寂而妙”的，是要让人“绝而再苏”的。所以禅宗把这样的方法称之为“杀人刀、活人剑”。下面看看有关的公案。

唐末，禅宗内百家争鸣，处于群星灿烂的时期。六祖慧能以后经江西马祖、南岳石头两大禅师激扬显发，培育出一大批杰出的大师。夹山善会禅师门下有一个禅僧到石霜庆诸禅师那里去参学磨砺，他刚一见到石霜禅师，就说：“我什么都不知道。”石霜禅师说：“不必多说。”那位禅僧说：“那么则彼此珍重。”他又到岩头禅师那儿去，一见到岩头禅师也说：“我什么都不知道。”岩头禅师没有理他，只是用嘴嘘了一嘘。那位禅僧又说：“那么彼此珍重。”当他回头离开岩头禅师时，岩头禅师说：“你虽然年轻不懂事，但还是可以学好的。”这禅僧回到夹山，把情况向老师作了汇报。过了一天，夹山禅师上堂说法，先让那禅僧出来介绍了他参学的过程，然后问大家：“你们中有没有悟到的人？”但没有人敢站出来。夹山禅师说：“若是没有人能说出其中的道理，还是我来说吧：石霜禅师那里虽有杀人刀，可惜没有活人剑。但岩头禅师那里既有杀人刀，也有活人剑。”

什么是“杀人刀”？这是禅宗对斩断意识活动所采用的种种方法和比喻。在临济禅师那里又叫“金刚王宝剑”，在云门禅师那里又叫“截断众流句”，在禅宗内如“鸟巢吹布毛”、“俱胝一指禅”、“赵州茶”、“禾山鼓”、“德山棒”、“临济喝”等，都是用于斩断修行者思维意识活动的种种方法。

禅宗认为，要修行得解脱，当然必须修止修观。但这种修为不是狭义的、特定的，而应该是广义的，带普遍性的。印度的禅定方法，如圭峰大师所总结的那样，必须是：“依师言教，背境观心，息灭妄念。”这样的禅修必须具备相当的条件才行，所以要“远离愦闹，住闲静处”，其方法又是“调身调息，跏趺宴默，舌拄上颚，心注一境”。这样的禅修是绝对的出世法，必须与社会隔绝，与生活隔绝，最终使自己与自己精神的社会性完全脱离。中国佛教，特别是禅宗并不追求这样的禅修，认为这是“自了汉”，不是大乘的菩萨精神。大乘菩萨精神是积极入世的，是与众生一体的，所以完全不必与社会隔绝，与生活隔绝。早在先秦时代，庄子就讥讽过一类人深山修养，虽几十年不衰不老，“面若处子”、“肌如霜雪”，但结果被老虎吃了。这样的修行，到底有多大的益处呢？许多人在山里、在蒲团上修禅，没有烦恼，清清净净。但一入红尘，面对利害是非，往往不知所措，有的显得幼稚无能，有的烦恼大得惊人。有鉴于此，从六祖大师开始，就把禅定这个方法从狭小的蒲团上移向社会，从单一的禅定意识状态，推向全方位的精神状态。

《坛经》中记载了一个卧轮禅师，他禅定功夫极高，有一首偈子得到了广泛的赞颂，这个偈子这样写道：“卧轮有伎俩，能断百思想。对境心不起，菩提日日长。”如此真、如此高的禅定，对六祖而言却不屑一顾。六祖听到这个偈子后说：“此偈未明心地，若依而行之，是加系缚。”于是六祖也作了一首偈子：“慧能没伎俩，不断百思想。对境心数起，菩提作么长？”在六祖看来，蒲团上的禅算不了什么，如果修行者全部精神活动在现实的生活中都能保持禅的状态，这才是超一流的禅行——把禅定发展为禅行。所以不久后，永嘉禅师的《证道歌》一出，“行亦禅，坐亦禅，语默动静体安然。纵遇刀锋常坦坦，假饶毒药也闲闲”——动态的禅行就风靡了全国。这种使修行者从偏枯死寂的禅定中走出来，活泼泼的禅行，就是“活人剑”。

不论是“杀人刀”还是“活人剑”，在超一流的禅师手中，都是同时应用的，所谓“杀活放夺”，都是当机对境时的灵活设施。在禅宗看来，那些只有禅定而没有禅行的人只是“自了汉”，甚至“自救不了”，许多公案都有如此的看法。

在前面的章节中我们谈到，因为有第七末那识的存在，也就是“我”这个观念的存在，把完整统一的人生宇宙割裂成主观和客观两大部分。再经第六意识的分别思维活动，又把主观和客观进行无穷的分割。这种分割，使一体的、没有时间和空间范畴的宇宙变成了纷纷芸芸、生灭不息的无穷尽的现象。主观和客观的对立如同一变成了二，以后更无穷无尽地分裂下去，以至有善恶、美丑、生死、彼此、同异、大小、得失、苦乐、荣辱等自然的和社会的种种差别和对立。佛教认为，人的这种认识活动，把清净平等的法界变成了痛苦和充满罪恶的五浊恶世。要从五浊恶世中得到解脱，回归清净平等无差别、无分别的法界，进而进入极乐世界，就必须对第七末那识和第六意识进行改造。在前面对唯识学的介绍中，我们看到了佛教因病施药的种种方法。但禅宗认为这些方法好是好，就是太慢了，是渐修，不是顿悟。禅宗以顿悟为己任，它的种种方法，都是为顿悟而设置的，机锋棒喝这一类“杀人刀”、“活人剑”，就是接引人顿悟的绝妙方法。

马祖在禅宗内的地位可以说仅次于六祖慧能。马祖是四川人，在四川时禅定就有相当的火候。后来他到南岳衡山，仍然坚持坐禅。哪知那个庙里的方丈怀让禅师是六祖的大弟子，他看马祖如此勤奋，就去点化他。怀让禅师知道，说道理对马祖是不起作用的，要打动马祖必须用非常的手段，于是他采用了一种前无古人、后无来者的方式：拿了一块砖头，在马祖坐禅的地方去磨。马祖坐禅很有功夫，根本不受干扰。而怀让禅师非常有耐心，不停地在那儿磨砖。一天、两天、三天，马祖都没有理他。终于有一天，马祖问他：“老和尚，你在磨什么？”怀让说：“我在磨镜啊！”马祖说：“你那砖头怎么磨得成镜？”怀让禅师见鱼上钩，立即针锋相对，说：“既然磨砖成不了镜，那你坐禅就成得了佛吗？”马祖一听，不得了，赶紧问：“那怎样才对呢？”怀让禅师说：“若要让一辆牛车上路，应该用鞭子打牛呢，还是去打车呢？”又说：“你是学坐禅，还是学坐佛？若学坐禅，禅非坐卧；若学坐佛，佛本身就没有一定之相。对于佛法般若，对于六度法门不应有所取舍。你要是认为可以在坐禅中成佛，那是对佛法的误解；你若认为只有坐禅才是禅定，那也是对禅定的误解。”马祖听到这里，“豁然开悟”。

怀让禅师对马祖用的方法，就是机锋。用一种比喻、暗示的方法。“磨砖不能成镜，坐禅岂能成佛！”这里没有多余的思辨活动，而前几天的磨砖的行为，更没有思辨活动的影子，但能引起马祖的触、作意、受、想、思这五种遍行心所的关注，并一击成功。

马祖在他日后的传法活动中，极为纯熟和广泛地采用了这一类方式，如棒喝等禅宗的许多家法，都是因马祖而奠定基础。

百丈禅师一次跟随马祖外出，在路上看见一群野鸭子飞过，马祖问："那是什么?"百丈说："野鸭子嘛。"过一会儿马祖又问："到哪里去了呢?"百丈说："飞过去了。"马祖于是把百丈的鼻子狠狠一扭，百丈痛得大叫。马祖说："又说飞过去了嘛!"百丈眼睛一亮，他开悟了。

看见野鸭子叫和飞，只是"见色闻声"，以唯识学八识活动的开展来看，尚只停留在触和受的阶段，没有推理的认识过程。"飞过去了"，这一判断中就形成了过去、现在和未来的时间和空间上的差别。马祖用扭鼻子的方式，使百丈再一次回到触和受中，而自己的这种触和受，是永远不会"飞过去"的。遍行的心所有法既具"一切时"，也就是处于永恒的"现在"之中，尽管在唯识学中，不论心法、色法、心所有法、不相应行法都是"生灭法"、"有为法"，但唯有遍行才能与八识一起进入无为法——过渡到精神的彼岸世界。

再如马祖的另一个弟子水潦和尚，他第一次向马祖请教时问："达摩祖师到中国来的意图是什么呢?"马祖说："你先礼拜了再说。"水潦和尚刚一跪下，马祖突然当胸一脚把他踏翻在地。这一下，水潦和尚也开悟了，起来呵呵大笑，说："也大奇，也大奇！百千三昧，无量妙义，只向一毫头上识得根源去。"

马祖并没有在理论上给水潦和尚讲什么，也用不着讲什么。马祖这一踏，就是"杀人刀"，当下就斩断了水潦和尚心中的意识思维活动，也就是禅宗常说的"分别思维"。"分别思维"猛地退到了遍行的触受这些精神的原点上，并引起了原有的意识堆积层的坍塌。坍塌的结果，就使由第七末那识和第六意识所建造的现象世界掩盖着的本体世界——被禅宗称为"本来面目"的东西得以显现出来。这是在思维活动中根本进入不了的地带，所以水潦和尚说这是"只向一毫头上识得根源去"。在这里，被意识所割裂的世界重新得以回归一元，使人在有限和部分的遮障中见到了“全体”。所以马祖这一踏，兼具了“杀人刀”和“活人剑”两重功能，让水潦和尚“死”了分别心，“活”了真如性。

禅宗的方法，说穿了就是要用“杀人刀”斩断修行者的分别思维活动。精神和认识不再对世界进行“分”和“别”时，世界就完整地、统一地呈现在人们面前，也就是“全体现前”了。在“全体”的意义上，组成“全体”的各个部分是平等的，无差别的，前后、上下、善恶、美丑、大小、生死、荣辱、喜乐等差别现象，原本只是这个“全体”中的“理所当然”的内容而已。在这样的“全体”中，第七末那识的主观和客观的对立就无形地被消融了，转变为平等性智。第六意识由于解除了末那识的束缚，就转变为妙观察智。这样，阿赖耶识不用费力，就转变为大圆镜智。

长沙景岑禅师是马祖的法孙、南泉普愿禅师的入室弟子，有人问他：“如何转得山河国土归自己？”他回答得极为深刻：“如何转得自己归山河国土去?”这是一条根本的界线，一般的人，包括众多的修行者，只是众生。众生的根本属性就是一个“我”，和由“我”所引申的那个“我所有”。我、我的家、我的工作、我的事业等等。“我”是任何人所站立的根本基点，再因人的能力强弱、手段多寡和环境的顺逆，引申出一条或长或短的半径，再画上一个圆，这就是“我的”或“我所有”。修行是“我”在修行，神通是“我”的神通，成佛作祖是“我”要成佛作祖。要达到“与天地万物为一体”的崇高境界，要消除有限生命和时空对自己的限制，许多人把自己的半径画得老长老长。“如何转得山河国土归自己”？一方面表现了对道、对“大我”的追求，但出发点却是“小我”的那个贪字。

以结果而论，“转得山河国土归自己”，与“转得自己归山河国土”是没有区别的，都是“大我”与“小我”界线的消融。但出发点却是对立的，前者是占有，后者是奉献。占有就难免障碍重重，方向错了，南辕北辙，永远达不到目标。奉献则是无门无户，无障无碍，条条大路通长安。修行者如果从奉献的立场出发，本身就已经“转自己归山河国土”了，本身就与“大我”融为一体了，本身就是“全体”，就是道。

因为人们修行求道，就是求达到这个“无我”，你本身就是“无我”，已经就是“无我”了，那一切都是多余的了——多么现成啊！这里可以看到佛教“慈悲喜舍”的“四无量心”有多么大的力量，仅其中一个舍字，就已经包含了修道的最终成果。

禅宗兴起的唐代，是中国佛教最为兴隆的时代。天台、唯识、华严、净土、律宗、密宗等许多宗派，都发展到了它们最辉煌的时期。一方面，是中国佛教文化的鼎盛；另一方面，在禅宗看来，则是佛教的实践和修行的阙如。众多的佛教徒钻进了浩如烟海的佛教经典中去咬文嚼字，许多杰出的法师陷入了对经论的研究中，而忘记了佛教经典所指示的根本目的——修行和解脱。

五代时，有人问清凉文益禅师：“‘指’，我不问，什么是‘月’呢?”禅师反问说：“你不准备问的那个‘指’又是什么呢?”又有一个人问：“‘月’我不问，到底什么是‘指’呢?”文益禅师说：“月。”那人说：“我明明问的是‘指’，你为什么回答‘月’呢?”文益禅师说：“因为你问的是‘指’嘛。”

“指月”是禅宗常用的一种比喻，“月”指学佛的目的，“指”为学佛的方法——你不知道什么是月亮，或不知道月亮在哪儿，那好，我指给你看。禅宗内有一部重要的典籍就取名为《指月录》。所以这一则公案就是方法和目的的有关辩论。针对第一个问题，文益禅师要他先懂得方法，没有方法，又如何能达到目的呢？针对第二个问题，文益禅师要他先知道自己的目的，不明白目的，这个方法又有何用呢？生活中常常有这样的教训，许多人往往去研究方法而忘记了目的，或者把方法当作了目的。在佛教中，研究经论只是方法，而解脱才是目的。如果把研究经论作为目的，忘记了解脱的修行实践，那么尽管把经论研究得头头是道，结果反而成为修行实践的障碍。在唐代，这种情况是非常严重的，所以禅宗许多大师“不惜眉毛”，敢于采用“呵佛骂祖”的手段来警醒迷途者，当然禅宗这样做取得了相当的成绩，也带来相当的非难。

以上的种种问题，可以说是立场、世界观、方法论的问题，在佛教内部，则是迷和悟的问题，在禅宗内则是念头的问题。禅宗不愿把问题复杂化、扩大化，它的方法就是“大事化小，小事化无”。在念头上用功，攻击点很小，不用大力气就可以解决。若从理论上、体系上来一番作为，那就“费力不讨好”了。所以禅师们接机度人，往往就在当机一念之上，攻其一点，不计其余。这一点攻破了，其他的问题也就迎刃而解了。

在《坛经》中，面对印宗法师所问：“黄梅付嘱，如何指授”——五祖大师到底传的是什么法？禅宗代代相传、以心印心的是什么？六祖大师的回答是：“指授即无，唯论见性，不论禅定解脱。”可见在禅宗那里，明心见性是压倒一切的。而禅定、解脱这些佛教的主要方法和根本目的，与明心见性相比简直不值一提。禅宗认为，只要能明心见性，就达到了解脱，没有必要再在禅定上多费工夫。

所以在《坛经》中，六祖在论及止观（定慧）和禅定时，把常规的禅定推向了一个全新的境界：“何名坐禅？此法门中，无障无碍，外于一切善恶境界，心念不起，名为坐；内见自性不动，名为禅。”“外离相即禅，内不乱即定。”“于念念中，自见本性清净，自修自行，自成佛道。”

一切都在念头上，只要在念头上见到了自性清净，并在上面“自修自行”，就可以“自成佛道”。这就是禅宗的根本方法。在这里，没有多余的说教，需要的只是每一个人的那个心和心中活动着的念头。条条大路通罗马，每一个人的念头都是通向大道的，关键就是迷与悟。六祖说：“不悟即佛是众生，一念悟时众生是佛。故知万法尽在心中，何不从自心中顿见真如佛性。”对六祖大师所说的一切，禅宗是认定了的，没有疑义的。

雪峰义存禅师曾问他的老师德山禅师：“历代祖师们传下的无上佛法，不知我有没有资格学到手？”德山禅师劈头就给他一棒，并说：“你在说些什么啊！”雪峰说：“弟子不懂嘛。”德山禅师说：“我宗无语言，实无一法与人。”雪峰因而有悟。“我宗无语言，实无一法与人”，若有理论性的说教，就不是禅宗了。德山禅师一辈子就是用棒子传法，“德山棒、临济喝”在当时令学禅人谈虎色变。那一棒子打在头上，开悟了当然求之不得，没有开悟，打成个脑震荡，那又成何体统呢？

问题在于，当禅师的棒子打在头上时的那个感觉是什么？是有念？是无念？是疑？是悟？这是一个极其复杂深沉的心理状态。比方说，一个学佛多年的人，当然有一肚子佛教的学问，但学问归学问，是否在修行上达标及格或者开悟解脱则是另一码事。这样的人在理论上用功多年，在实践上不得力，听说禅宗教外别传、以心传心，可以使人“言下顿悟”，当然会抱着一个求悟的心态，也抱着他对佛教的种种认识和见解来向老禅师们请教。当这根棒子不由分说，没头没脑地打在头上时，会有什么样的结果呢？可能有种种结果：

一是认为禅师是疯子，根本不懂经论，在那儿瞎棒乱喝一气，故弄玄虚，自己可以不予理会，扬长而去。二是如临济大师那样，在挨棒子后反省：到底自己“有过无过”。三是被棒子打得晕头转向，不知所以，还有一些，确实是被打得头破血流，晕死过去。所以，当时那些著名禅师门下，多则千人，少则十余人，真能在棒下开悟的人却寥若晨星。

这几种结果都有一个共同点，就是在棒子一击之下，原先那一肚子的疑问和希望，都会霎时无影无踪。一切理性的、情感的、认识的东西，都会在这一棒子的打击下荡然无存，使自己的心灵或念头，得到那么一个极为短暂的“空”的状态。用禅宗的话来说，这是石火电光的一瞬，你若把握住了，见到了，那就道喜了；你若错过了，在上面东张西望，疑神疑鬼，那就可惜了。这个极为短暂的“空”的状态——姑且如此说，其实未必，因为这种状态是“不可说的”，禅宗称之为“念头脱落”，或“桶底脱落”。这也是念头，也是一念，不过是“无念之念”或“念而无念”。若能在这样的一念中通向根本，如水潦和尚所说的“于一毫头上识得根源去”；若能在这样的一念之中见到全体，如南泉禅师所说“犹如太虚，廓然荡豁”；若能在这样的一念之中见到如六祖大师所说的“何期自性，本自清净；何期自性，本不生灭；何期自性，本自具足；何期自性，本无动摇；何期自性，能生万法”；如五祖所说“不识本心，学法无益。若识自本心，见自本性，即名丈夫、天人师、佛”；若能在棒头一击之下领会到这一切，那么在禅宗的意义上就是明心见性，开悟了。

棒是棒，喝是喝，使用的目的一样，但德山和临济两位大师使用起来却各有风采。德山禅师的棒，如他的学生岩头所说：“佛来亦打，祖来亦打。”用他自己的话来说是“道得也三十棒，道不得也三十棒”。总之接客送客都是三十棒。这样的作风当然无学可言，那些满脑袋经论和学问的人在这里根本派不上用场，既不能说，也不能想。“我宗无语言，实无一法与人”，德山把自己的立场是摆明了的。而他的学生如雪峰开悟后说：“我当时空手来，空手归。”这在禅宗内是值得赞叹的境界。在这里，人的精神处于这样的状态中，到底是怎么回事呢？不能往下追，往下追就是画蛇添足，犯了禅宗的大忌。临济大师在开悟后说：“原来黄檗佛法无多子”——没有什么嘛。宋代著名的杨岐方会禅师刚开悟时，他的老师石霜楚圆急迫地对他说：“知道这般事便休。”你若信得过、把得牢、看得穿，就是以心印心、以灯传灯了；你若信不过，“这算什么？”心里狐疑不决，那就隔山隔水、千里万里了。

而临济禅师的喝，用他自己的话来说，就是“有时一喝如金刚王宝剑，有时一喝如踞地狮子，有时一喝如探竿影草，有时一喝不作一喝用。”临济喝与德山棒齐名，被称为“激箭似禅道”。在千思万绪之中，自己振发胸怀，长啸一声，或作一下狮子吼，头脑中会有什么感觉？当自己在漫步中沉思，耳内忽然得闻一声高吼，或受到意外的惊动，心中那刹那间的状态是如何呢？那千头万绪、沉思着的一切当然会被甩到爪哇国去。忽然“回神”，回过“神”来的那瞬间，清清楚楚，明明白白，什么内容也没有，但却如寻的之矢，蓄势而发。念头中的这种状态，许多人并不陌生，但恰恰没有明心见性这个目的。临济喝与德山棒的作用一样，都是为了达到“玉宇澄清万里埃”。那一念清净，就是禅宗认为的心之本、法之源。没有这一念的清净，思维、认识就不能展开。这一念的清净，如同无弦之琴、无盘之棋、无墨之笔那样回旋游荡、千变万化，永远可以去书写“最新最美的文字”，可画“最新最美的图画”。棒喝唯有这样的作用和意义，在禅宗内称之为“逼拶”——拶者，夹手指的刑具也，十指连心，受刑之人心里的滋味不是他人能够体会的。棒喝，当然还有紧逼迫人的机锋恰恰给当事人以如此的感受，心里如上了刑具一般。南方人可能见过乡下榨菜子油的作坊，如那样的榨法，把精神中的一切“油水”榨干，这就是棒喝的逼拶。

逼拶是对精神及其内容的压榨和扫荡，在禅宗内宗师相见时、接引学人时步步紧逼、寸步不让，不到山穷水尽决不收兵。修行火候不到、对禅宗宗旨意趣体会不明的人，用不了几个回合就会败下阵来。下面请看一则公案：

五代时云门文偃禅师到江州传法，南唐的尚书陈操设素筵招待他——他们都是唐末著名禅师陈尊宿的弟子，算是同门师兄弟了。但彼此相见，机锋就展开了。刚一入席，陈操劈头就问：“对于儒家的经典，用不着来请教你，而佛教中的三乘十二分教又有各自专门的法师。我想请教的是，怎样才够得上一个真正的修行者呢?”陈操贵为尚书，又参禅多年，并得名师指教，所以一见面就用机锋来考查云门禅师。而云门禅师淡淡一笑，反问他：“关于这个问题，尚书大人曾问过几位行家呢?”云门禅师反守为攻，但却先绕了一个圈子。陈操紧迫不舍，说：“那些不用说，只是要请你这个大和尚现在就告诉我。”云门禅师仍然不直接回答，再绕了一个圈子，说：“先不谈这个问题，我要请教大人，佛教经典中到底表现了什么主要的意趣和主题呢?”陈操终于上钩了，但仍保持着禅宗行家的身份，他说：“那不过是黄卷赤轴而已”——一些条条款款的文字记载罢了。云门禅师乘机反攻，追问道：“但究竟什么才是佛教的意趣和主题呢?”陈操虽然上钩，但毕竟内行，所以仍不失身份和分寸，说：“口欲言而辞丧，心欲缘而虑亡。”——准备说的时候，却失去表达的语言，正准备思考的时候，却把思维本身忘记了。对一般人而言，这位尚书的确达到了极高的水平，出语玄之又玄，不落边际，但云门禅师却立即拿他这两句话开刀，云门说：“口欲言而辞丧，是针对‘有’而言的，如果我居于‘无’，你这句话就是多余的了。心欲缘而虑亡，只是医治妄想、烦恼的一种方法，都只是佛教中的一些具体方法而已。大人请你再深入说说，到底什么是佛教的意趣和主题?”

这时陈操不知所措，回答不上来了。云门禅师把这个问题暂搁一边，问："听说大人看过《法华经》，是吗?"陈操说："我是看过。"云门说："《法华经》中说，一切治生产业皆与实相不相违背。佛说到这里时，大人知道非非想天的天宫中，有多少天神听不进去，而退出了释迦牟尼佛的法会呢?"——陈操尚书刚才的回答，恰好与非非想天的境界相类似，远非禅宗明心见性的境界，所以他仍然回答不出来。这时云门禅师说："对于禅宗的实际境界，千万不要草率地以为一参就悟。那些精通三经五论的大法师们，从理论的故纸堆中钻出来到禅宗门下修行，花十年、二十年的死功夫尚且没有几个人能弄懂这个主题和意趣的。尚书大人成天忙于国家大事，又怎能轻易地弄懂这个道理呢?"陈操惭愧地向云门禅师道歉，并礼拜说："实在对不起，这是我的无知啊!"

这是一则极为精彩的公案，从几个层次表现了禅宗的风格和特点，其中最重要的就是逼拶。在这则公案里，云门禅师对陈操的思想和认识层层剥剔，把陈操自以为是的见解扫荡得一干二净，最后不得不服输。陈操是老禅客，对禅宗也有见地，当然还不纯，远没有云门禅师高妙，所以在机锋往来中节节败退。下面再选一则大慧宗杲禅师《宗门武库》中的公案以供欣赏：

> 梁山观和尚会下，有个园头参得禅，众中多有不信者。一日有僧去撩拨他，要其露个消息。乃问园头："何不出问堂头和尚一两则话结缘?"园头云："我除是不出问，若出问须教这老汉下禅床立地在。"及梁山上堂，果出问曰："家贼难防时如何?"山云："识得不为冤。"曰："识得后如何?"山云："贬向无生国里。"曰："莫非是他安身立命处也无?"山云："死水不藏龙。"曰："如何是活水里龙?"山云："兴波不作浪。"曰："忽然倾湫倒岳时如何?"梁山果然从法座上走下，把住云："阇梨，莫教湿着老僧袈裟角。"师（大慧杲）云："须知悟的人与知悟的人相见，自然纵夺可观。"

这是宋代曹洞宗一则的公案，园头是寺庙里管菜园的僧人，大家都不知道他是开悟的人。他有一个朋友知道他开悟了，怂恿他到老和尚那儿去亮相，好让大家知道和承认。于是锣紧鼓密地演出了这一则公案，并一层一层地展现了禅师们的精神和心理状态。你看，“家贼难防时如何?”——烦恼是众生的天性，防不胜防，治不胜治，应该怎么办呢?“识得不为冤。”——自己知道、明白心中的烦恼，有自知之明已经了不起了。也就是说，明白什么是烦恼，那个“家贼”就没有大的危害了。园头追问说：“识得后又如何呢?”总不能察清了案子不去破案嘛，不能让犯人逍遥法外嘛。梁山观禅师回答说：“贬向无生国里。”——把这一切，不论烦恼和认识烦恼的理性和力量统统“空”掉。但园头却紧迫不舍，说：“莫非是他安身立命处否?”禅宗的高妙之处就是如此吗?梁山观禅师说：“死水不藏蛟龙。”——这样的境界只是没有生机的一潭死水，而开悟、解脱后的精神却如蛟龙一般。“如何是活水里龙?”——开悟、解脱后的境界究竟如何?“兴波不作浪。”——是这样的平和雍容，没有什么超凡脱俗、与众不同的地方。“忽然倾渊倒岳时如何?”——平和中庸，并不排除一些特殊的非常状态。“莫教湿着老僧袈裟角。”——虽然如此，不可久留，还是应回到中庸平和的平常心这种状态之中。

禅师们的这种问答，机趣相当深入和广泛，如不是行家里手，就会如陈操那样败下阵来。所以机锋往来如同真刀真枪的性命相搏，不是一般性的那种辩论。禅宗内“棒下无生忍，临机不让师”的古训是认真和严肃的，若以游戏的态度来对待机锋棒喝，那就永远入不了禅宗之门。

(三) 念头的剥剔
——参话头种种

上一节所举的两则公案，都是禅宗内过来人之间的机锋往来，虽有逼拶的作用，但只是相互间的勘验，也可以从中看到紧逼的威势了。若用以接引那些尚未入门的——未入门的人见到这类公案，必然是丈二和尚摸不着头脑。如北宋首山省念禅师有一则著名的“竹篦子话”，最能表现这样的境趣：

> 山一日举竹篦，问曰："唤作竹篦即触，不唤作竹篦即背，唤作什么？"

首山禅师手中拿着一只竹篦子，对他的学生说："如果把它唤作竹篦子，那是触——太呆板了，谁不知道这是竹篦子呢？不唤作竹篦子，那是背——它明明是竹篦子嘛，唤作其他东西就与它的性能相违背了。若不触不背，应该把它唤作什么才妥当呢？"

这样的方法也是逼拶，因为这是对思维的剥剔，离开了思维运动的规则。本来，任何一个东西都有人为它安立之名，并受到人们共同的承认。这样的名——名词、概念必须有其稳定性，才不会在人们的思想交流中发生混乱。如猪是猪，牛是牛，狗是狗，人是人，彼此不能混淆。把人称之为狗，就会发生误会，引起是非和麻烦，挂羊头卖狗肉也会引起官司。因为名实必须相合，名实相合才有秩序和规律。

面对一只大家熟悉的竹篦子，不能用大家通用的名词来称呼它、判断它，也不能用其他的名词来称呼它、判断它，那该用什么作为判断呢？这里，首山禅师是把思维的道路堵死了的，他的本意就是设立一个思维的陷阱，设立一个悖论，让思维在其中寸步难行。如同一头被缚住爪牙的狮子，尽管周围有许多獐麂兔鹿，只能眼睁睁地看着而不能捕食，憋足了一身劲也无处发泄。

人的思维——第六意识如同千手千足的章鱼，老是不停息地捕捉思维的内容，并且不知疲乏地运动着。佛教讲禅定止观，就是要使思维休歇。但禅定止观仍然是一种意识状态，也有其相应的精神内容，更何况一出禅定止观，精神和思维又恢复了往常的状态。所以，以渐进为程序的禅定止观与机锋棒喝参话头的差别是明显的。

"竹篦子话"不是禅定止观，却如同囚禁狮子的牢笼，让思维陷在其中寸步难行。如果参学者念念都处于这种状态并明白这种状态，那就是开悟了，但这到底是什么样的精神状态呢？

早在唐代百丈禅师时，有个从湖南来的头陀对百丈禅师说："我在湖南发现一座大沩山，是传法的上等道场，可以容纳千五百人，希望老和尚能派一个得力的人去开发。”于时当众挑选。当时百丈和那位头陀选定了灵祐，但首座和尚不服。百丈说：“你若当众能下一句出格之语，那沩山就归你住持。”百丈禅师指着净瓶说：“不得唤作净瓶，你唤作什么呢？”首座说：“当然不能把它唤作木头子嘛。”百丈于是又问灵祐，灵祐却把净瓶一脚踢翻。百丈说：“首座输了一座山。”于是灵祐便到了大沩山，成了著名的沩山禅师。

这个“净瓶话”与“竹篦子”话一样，都是思维的陷阱。人们的思维和念头，都是附在具体的内容之上的，净瓶和竹篦子都是对某个事物的判断，也就是一个念头。这样的念头是有色的、有规定的。无念的念被染上了这样的外在色彩，就成了有念，被规定、被限制的念头了。而禅宗的方法，就是要让人们在这样的有念中还原到无念，也就是要见自己的“本来面目”。沩山灵祐踢翻净瓶，表现出了对有念的超越——把净瓶这个思维的牢笼砸碎，就限不住人了，若如首座和尚那样在概念中纠缠不清，哪里有精神和思维的自在呢！禅宗的话头，全是这样的陷阱，思维面对这样的问题，根本无处下手，如药山禅师在石头禅师那里开悟后的感触就是：蚊子上铁牛，无下口处。南泉禅师有一则“瓶中养鹅话”，最能表现这样的情趣，也是一则有趣的思维游戏。

宣州刺史陆亘是南泉禅师的弟子，一次他问南泉：“有人在一肚大颈小的瓶中养了一只鹅，鹅长大了，出不了瓶。有什么办法既不伤坏瓶，也不伤害鹅，使鹅安然无恙地从瓶中出来呢？”这是一个根本无法解答的思维难题，在实践中也根本办不到。没有舌头的人能说话吗？没有腿能走路吗？碗里没有吃的能饱肚子吗？思维处于这样的状态中真是麻烦之极。而南泉禅师解决了这个问题，他叫了一声：“大人。”陆亘说：“在。”南泉幽默地说：“这只鹅不是出来了吗？”陆亘因之而开悟了。钥匙是开锁用的，把钥匙锁在锁内，就失去了钥匙的作用。思维本身是超然于思维对象的，如果陷在了具体的思维对象之中，思维就失去了自己的母体性和优越性，其功能也受到了限制。禅宗的方法，就是从单一的念头上下手，使之在其对象上超越，并成为经验，运用于万事万物之中。这样彻底自由的精神状态，本身就不是第六识和第七识所能规范的，但又不离第六和第七识，从而显现了全体精神的力量。

为了对思维进行锤炼，为了杜绝在参禅中的一切“后门”和“假冒伪劣产品”，禅宗在话头上用了许多功夫，如“竹蓖子话”在大慧宗杲禅师那里经常使用，并加了若干防范。大慧宗杲常持一只竹篦，说：“唤作竹篦则触，不唤作竹篦则背，不得有语，不得无语，不得棒，不得喝，不得作女人拜，不得作绕床窜，不得造妖捏怪，装腔作势，一切总不得，是什么？”这就把对思维的限制，扩大到一切行为活动之中。因为机锋话头用久了，一些禅师就不用语言，而用行为方式来表达，如沩山踢翻净瓶那样。这种行为方式，如棒、喝、打、摔、掩口、掩耳、圆相、女人拜等等，用久了也成为窠臼，使人有迹可寻。大慧杲把这一切都否定了，在这样的情境中，思维又会处于什么样的状态呢？大慧杲还说：“看（话头时）不用博量，不用注解，不用要得分晓，不用向开口处承当，不用向举起处作道理，不用堕在空寂里，不用将心等悟，不用向宗师说处领会，不用掉在无事匣里。”在大慧杲的“话头”里，思维完全是被架空了的，不允许附着于任何内容之上，包括空——无事匣子在内。这个思维既不空，又不有，什么内容都没有，又不是没有内容，这样的思维是一种什么状态呢？就是这种状态，就是禅宗开悟的入门通道——超越一切精神的现象，契入精神的本体。而机锋棒喝和参话头，就是以逼拶的方式，把精神和思维强行推入这样的状态之中。

参话头的话头，是宋代禅师对前代精彩公案进行筛选后用于典范的教材以让学生们去参。这样的参，如上面大慧杲禅师所作的规定那样，思维在其中是寸步难行的。而作为话头的公案，本身就具有这样的力量，如狗子有无佛性的话头。

有个和尚问赵州禅师：“狗子还有佛性也无？”师云：“无！”云：“上至诸佛，下至蝼蚁皆有佛性，狗子为什么却无？”师曰：“为伊有业识在。”又一个和尚问：“狗子还有佛性也无？”师曰：“有。”曰：“既有，为什么入这个皮袋里来（为什么变成了狗）？”师曰：“知而故犯。”对一条狗有无佛性的问题，赵州的回答是矛盾的，一时说无，一时说有。在禅宗内，赵州是不容怀疑的，这里也不必用逻辑来鉴别，因为一使用逻辑，这则公案和话头的意义就失去了。话头的意义就是要超越逻辑，让精神和思维在超逻辑中亮相，这样的精神状态是“不可说”的，也说不出来，说出来也不是那种意义了。马祖和西山亮座主的那则公案，最能说明这一问题。

座主是对专精某门经论法师的尊称，如同现代哲学博士、物理学博士一样。亮座主参马祖时，马祖问他：“听说你很会讲经?”亮座主谦逊地说：“不敢当。”马祖问：“你用什么来讲经呢?”亮座主说：“当然是用心来讲了。”马祖不以为然，说：“心如工伎儿，意如和伎者，心怎么有资格讲经。”——心如同一个工匠，意如同凑热闹的，与根本的佛法不沾边。亮座主不服，掉头就走，马祖在他后面高声唤他：“法师。”亮座主一回头，马祖问他：“这又是什么呢?”亮座主豁然大悟。忽然被人呼唤时所引起的对自我刹那间的那种绝对存在的感受，是非思维、非逻辑、没有对象、没有内容的。这与讲经说法时使用理论、逻辑和思维是两种不同的精神状态，一是本，一是末；一是体，一是用。禅宗的方法就是要让学禅的人得本得体，用参话头“剿绝情识”、“斩尽葛藤”就是为了这样的目的。所以，如何是佛？干屎橛。如何是佛？麻三斤。再如“吃茶去”，“庭前柏树子”，“我不会佛法”，“不知最亲切”，“问取露柱”等种种话头，都是不容半点思维活动在其间展开，因为在这类话头中，思维是无路可走的。如同四面是墙，思维在其中东碰西闯，头破血流也无路可通，只好无可奈何地认输。当思维收回其触角，放弃对外在的追逐而回归自己时，它就是它自身，而不是其他那些种种外在的影像了，这样就得体得本，明白了自己的“本来面目”。不然，面对“生前死后，在什么处安身立命”一类的话头，谁说得清楚！

佛教认为烦恼、分别心是心灵的枷锁，而机锋棒喝和参话头则是解脱枷锁的钥匙，把心灵的枷锁开了，心灵就得到了解脱，所以禅宗的方法，可以说是开启心灵之门的钥匙，具体说来，就是对念头的剥剔。念头被剥剔得干干净净，一无所有，就达到了“随其心净，即佛土净”，并不需要在心性上增添一些奇特的东西。一般人认为开悟成佛，必然神通广大，总有一种超乎常人的力量。禅宗反对这些认识，用禅门的行话说，修行的方式是“无须求真，但得息妄”。求真，就是求佛、求神通等种种对超人力量的追求，但这恰恰是妄想，而且是大妄想。如果能在心中把种种妄想息灭下去，自己这个清净的心本身就是真，就是佛了，哪里还另外需要去寻个佛来拜呢！

圆悟克勤禅师是宋代禅宗的巨匠，他的开示、语录、著述、评唱都极为老到精彩，下面我们从他的《圆悟心要》中选出一则文牍，看看其中的精神所在：

示华严居士

平常心是道，才趣向即乖，到个里正要脚踏实地。坦荡荡，圆陀陀，孤迥危峭，不立毫发知见。倒底放下，澄澄绝照，壁立万仞，唤甚作心作佛，作玄作妙？一往直前，不起见，不生心，如猛火聚，不可近傍；似倚天长剑，孰敢撄锋？养得纯和冲淡，透彻无心境界，便可截生死流，居无为舍。端如痴兀拍盲，罔分皂白，犹较些子。所谓绝学闲闲，真道人也。了了回光，深深契寂，乃绝渗漏。自然与向上人不谋而同，不言而喻。若作聪明，立知见，怀彼我，分胜负，则转没交涉。此唯尚猛利，快割断，悬崖撒手，弃舍得性命，便当下休歇。只大休处是究竟合杀处尔。

不论机锋棒喝参话头，总之禅宗内的种种方法，都是为了达到圆悟克勤禅师所说的这种境地。当然还有许多禅师已经说得太多太明了，再多说一些，禅宗就不是禅宗了。

五、中国圣贤心性观与佛教

佛教传入中国之前，中国心性之学早已有深远的源流，并自成体系，而且相当繁荣。早在先秦时代，儒家的五经及《论语》、《孟子》，当然还有道家的老子和庄子以及墨家、名家、法家、阴阳家等，也就是在那个百家争鸣的时代，心性之学是当时中国思想学术的主题之一。

人们面对自然、面对社会，但有识之士则更多地面对自己，面对自己的思想，面对自己的情感。性善性恶的争论，人与天关系的争论，不仅贯穿着整个先秦时代，而且影响着两千多年来整个的中国历史文化，以至在现代社会中仍不时感觉到这种回音。

心性之学，其核心就是人们的心性究竟是善还是恶，这种善恶的观念，引申开来，就有知与行、人与天、本与末、体与用、有与无等种种相关问题连带而来，并且老是争论不休，似乎永远说不清楚。总而言之，占上风的当然是儒家和道家。

东汉以来，随着佛教的传入，中国心性之学便进入了一个新的发展阶段。在魏晋南北朝的玄学时期，佛教学说给中国心性之学注入了新的活力，并相互推动和影响，共同发展。从表面看来，在南北朝后期，似乎佛学在中国思想界占据了优势，在隋唐时更取得压倒的优势。而实际上，在中国上层人士中，特别是在政治思想中，占统治地位的仍然是儒家和道家。极度繁荣的佛教学说，在中国漫长的发展过程中，有意无意地吸收了儒道两家的学说，已经远非印度佛学的原貌，被中国化了，成为了中国佛教。

佛教中国化的过程，表面看来是中国传统文化的大量，能够容许其在中国的发展。而实际核心之处，是中国传统文化，特别是儒道两家的学说本身就与佛学有相通之处，彼此没有根本的理论与实践的冲突。在许多方面，儒释道三家还能互补互用，共同提高和发展。所以到了唐代后期，三教同源与三教合一的思想就逐渐发展。从佛教传入中国后不久，儒道两家就或明或暗地大量吸取佛教精华部分以丰富和完善自己，直到宋明理学的成熟和取得统治的地位。在明清两代，佛教才失去了千余年在中国文化中的主导和推动作用，被理学所取代。

南北朝时期儒释道三教情况不用多说，在唐代，一代圣君李世民豁达大度，英武绝伦，功业盖世，只要有利于唐室万代之业，也应与他那个“天可汗”相符合，得到天下万族的拥护，岂止儒释道，就是基督教、伊斯兰教、犹太教，他也兼容并收，不加歧视。在唐代，不少著名的儒家大师，深知朝廷大略，也是遵循这一方针。而白居易、柳宗元、李翱等士大夫，晚年则倾心向佛。诗人李白较偏重于道，杜甫骨子里是儒家，但对佛教也同样倾心。反佛最著名的莫过于韩愈，他那《谏迎佛骨表》，把佛教斥为异端而大加攻击，不失为救弊之作。但这也只是针对宫廷和社会因崇佛、佞佛而带来的腐化和堕落，在其心灵深处，未必对真正的佛学有多大的成见，所以他被贬潮州遇到大颠禅师后，一扫仕途沉浮之抑郁，也乐于与佛道交游，并乐于其中了。如他与大颠禅师的书信中说：

> 海上穷处，无与话言，侧承道高，思获披接。专辄有此咨屈，傥惠能降喻，非所敢望也。至此一二日，却归高居，亦无不可，旦夕渴望，不宣，愈白。

在这封信中，可见韩愈的心情，为得到大颠禅师的指教，已到迫不及待的程度。在与大颠禅师会晤领教之后，韩愈在另一封信中表达了他意识形态的转变：

……愈闻道无疑滞，行止系缚。苟非所恋著，则山林闲寂，与城郭无异。大颠师论甚宏博，而必守山林，义不至城郭，自激修行，独立空旷，无累之地，非通道也。劳于一来，安于所适，道故如是。

在这样的转变中，精神、情感对佛教的好感就深了，以至到寺庙一游，都有一种说不出的亲切和舒适。如韩愈著名的《山石》诗，表现出的情趣和美感，远非一般诗人所能及：

山石荦确行径微，黄昏到寺蝙蝠飞。
升堂坐阶新雨足，芭蕉叶大栀子肥。
僧言古壁佛画好，以火来照所见稀。
铺床拂席置羹饭，疏粝亦足饱我饥。
夜深静卧百虫绝，清月出岭光入扉。
天明独出无道路，出入高下穷烟霏。
山红涧碧纷烂漫，时见松枥皆十围。
当流赤足踏涧石，水声激激风吹衣。
人生如此自可乐，岂必局束为人鞿。
嗟哉吾党二三子，安得至老不更归。

寺庙和僧人的生活，在韩愈心中已是美不胜收，乐而忘返了。这里其实又是与儒家思想相通的，孔子就曾有这样的愿望："暮春者，春服既成，冠者五六人，童子六七人，浴乎沂，风乎舞雩，咏而归。"这种超越尘俗劳苦，与自然融为一体，无荣辱、无是非的境界，儒释道三家是相通的。

周敦颐是宋明理学的鼻祖，程颢、程颐的老师，他就曾请教过鹤林寺的寿涯禅师，并得到四句心法的启示："有物先天地，无形本寂寥。能为万象主，不逐四时凋。"并说："吾此妙心，实启迪于黄龙，发明于佛印，然易理廓达，自非东林（常总）开遮拂拭，无由表里洞然。"苏东坡同样得力于东林常总禅师。程颐是理学大师，方正严厉，排佛最力，但他自己却出入佛老多年，深受其惠。这类历史资料多年埋没，研究者常恨不得而见，这里选灵源禅师给程颐的一封信，供有兴趣者参阅：

答伊川居士

某启：妄承过听，以知道者见期。虽未一奉目击之欢，然闻公留心此道甚久，天下大宗匠历叩殆遍，乃犹以鄙人未见为不足，不肯歇去耳。然此一歇，实不可强。而不歇之病，在依约信处，未能顿入灵源，亲见本体，发挥性地妙明真照，照彻一切。心之与法，了无端由。端由彻处，己眼豁开，正当是时，何法可见？何情可除？何悟可存？何迷可灭？何佛可成？何生可度？始知百千诸佛，诸大祖师、六道四生、乾坤日月，皆吾光中浮幻影象。堂堂独运，岂不丈夫。却复自观，觅个歇处了不可得，况不歇乎！若未能如此，直须拂却从前会的，向信解未萌时，反思不及处亲切谛观，忽然穿透虚空，则山僧与居士相见，其来久矣。其在奔驰川陆，交接音容，然后为会晤耶？唯公具大信种，乃真道器，不可寻常了却，验此不即自休，便见宿因深正，实用慰叹。今此不休，乃是大休之地。若只恁么旋疑旋解，不无小可轻安。如病不除根，感毒还作。尽未来际，何有休期。近世号为明道者，亦多体会得个相似的较量。未得以前，诚亦廓达妙圆。其如不到本源，遇着差别因缘，对爱染境界，微细情习，宛尔瞥兴，便却以一性融通，谓世出世间元无外法，全波即水，何即何离。似即似矣，是则未是。公之明断以为如何？顷年闻老师言公见处，今览法要后序，深观信入，真实不虚。亦尝蒙谕见老师，时事同也。然老师与公相见时，已自伤慈，只欲当处平和，不肯深挑痛扎。至使信解未泯，本智不彰，而时有犹豫也。若用拙者之言，一切併绝，念念深切，时下自看。更须见彻底明白，省力现成，奇特事也。若不如是，自究自参，纵与佛祖同参，时常会话，只添得古董，终非究竟，幸希深悉，不以轻触为罪。念蒙加爱之殊，故敢尔也。亦观今世王公大人，好此道者亦多。至于谈道之际，个个喜人顺己。而法门主道者亦多苟顺世变。

吁！兹何图耶！皆是我习内熏，情缘相附，交为欺诳，总不丈夫。与公相期，既非此类，则诜诜之告，实衷心也。世缘通塞，相断之有方，不复在介意，幸幸。

灵源禅师与程颐有多次书信往来，仅从这一封信看，对程颐的病处是毫不客气地加以指点，甚至不顾自己老师黄龙祖心禅师的情面。程颐是程朱理学之首，在禅师的面前尚且如此，何况其他。再如朱熹，是集理学大成者，他的学问根基，也与禅宗分不开，是从大慧宗杲禅师及其弟子道谦禅师中得来，他在与道谦禅师的书信中说："向蒙妙喜（即大慧宗杲）开示，但以狗子语时时提撕，愿报一语，警所不逮。"而王阳明也公开承认："因求诸老释，欣然有会于心，以为圣人之学在此矣。"例子很多，虽说是儒家吸取佛家，以至有"儒门淡泊，收拾不住，皆归释氏"之说，但究其因，亦有孔子"仁远乎哉，我欲仁，斯仁至矣"，孟子"万物皆备于我"这样的渊源。特别是有老庄道家无为和道法自然这一完整的思想体系作为先导。

早期道教，生硬地把大量佛教结构与思想移植在道教的教法中，仿照佛经制作了大量的道经；仿照佛教的仪轨戒律制作了道教的仪轨戒律。在宋元时期，王重阳创立全真道时，更把佛教的《般若心经》和儒家的《孝经》放在与《道德经》同等的地位。道教讲性命双修，其讲性的部分，其实就是禅宗明心见性的那一套。而讲命的那一套，则多与佛教的禅定和十二因缘有关。而道教讲善恶，讲因果，更是完全吸收了佛教的相关理论，以至最为神秘、最有影响的丹道派，其方法也是禅宗的道教形式而已。道教在吸收佛教，特别是禅宗所长之时恰恰没有注意到一个重要问题，就是禅宗本身，其来源之一又恰好是道家，特别是庄子。禅宗在其发展过程中，许多理论，特别是机锋棒喝一类重要的方法，正是自觉或不自觉地与庄子有相当的关系，而印度佛教，则很少有这样的特点。这一切，在先秦乃至南北朝玄学中，至少已大体成形，只不过尚没有形成自觉，尚没有形成系统和流派而已。如仅论《庄子》一书，里面许多内容，许多"寓言"、"卮言"，完全可以看作是先秦时的禅宗"公案"，以后有机会当详加介绍。

(一) 克己复礼，止于至善
——儒家学说对人心性的优化和改造

孔孟的儒家学说，是中国两千多年来的“官方”学说，也就是具有“宪法”地位，是指导中华民族政治、经济和文化的根本理论依据。在先秦时代，它受到了道家文化的讥讽与嘲弄，从南北朝以来，又受到佛教文化的强烈冲击。但儒家文化雍容大度，在保持自己指导社会政治生活作用的前提下，也积极吸取了佛道二教的精义，特别是用心性之学丰富和完善自己，使之在宋明理学的时代发展到鼎盛时期。近代许多学者把中国封闭落后归咎于儒学，不如把这个责任归咎于借儒学以巩固自己的明清王朝。明清两代王朝极端地利用了儒学中对中央集权和君主专制有利的部分，扼杀了其中开明和健康的部分，使儒学对人生和社会的积极意义受到了歪曲。而近现代某些人崇信西方那一套，对民族文化全盘否定，则更不足取。在这里，我们结合佛学，来看看儒学中有益和有趣的一面，这可是儒学的合理内核，也是现代社会和未来时代需要大力提倡，并在东西方文化大汇合中值得重视的一些内容。

佛教长期被认为是出世之学，而儒学则理所当然是入世之学，而且还是治世之学。孔子曾自信地说“天生德予余”，孟子更说“当今之世，舍我其谁”。所以，对儒学治世的功能，孔孟及后来的儒家都是坚信不移的。但这个“世”，佛教认为是“五浊恶世”，人类的根本性，也就是人的社会性，佛教认为全是烦恼的积聚。早在孔子的时代，有人就对孔子说过“滔滔者，天下皆是也”之类的话，但孔子却“知其不可为而为之”，坚信儒家的观念，只要坚持不懈地宣传、推广和普及，就会对社会起到良好的补救作用。儒家的方法就是通过“克己复礼”的方式，把人改造或陶冶为仁信忠孝节义的君子，进一步达到“止于至善”、“保和大和”这一崇高的圣人境界。

儒家学说对个人主义和无政府主义是坚决反对的，孔子对个人的修养准则，提出一个“仁”字；对社会统一和安定的准则，提出一个“礼”字。“仁者爱人”，“己所不欲，勿施于人”，这是中华民族两千多年来所遵循的做人的美德，并使人达到“温良恭俭让”这种“中庸之为德”的崇高境界。温者不暴，良者不恶，恭者不骄，俭者不奢，让者不争。要达到这样的人格境界，首先就必须做到“克己”。“克己”是对自我欲性的一种自觉的限制，虽然还比不上佛教戒律那样的系统和完善——通向出世的解脱，但也有其相当的、可行的内容和准则。“克己”的目的是“复礼”，礼是周礼，是周朝周天子所制定的、当时中国的一种礼法，这种礼法，包括了法律、风俗、礼节和种种行为准则，是国家和民族乃至文化的安定和统一的旗帜。中国漫长的封建社会，各朝各代都有其相应的礼法，但根本原则都是遵循儒家的四书五经。

儒家学说对人心性的优化和改造，一般都遵循着《大学》所指示的路子，这就是：“大学之道，在明明德，在亲民，在止于至善。”具体说来，就是：

> 古之欲明明德于天下者，先治其国；欲治其国者，先齐其家；欲齐其家者，先修其身；欲修其身者，先正其心；欲正其心者，先诚其意；欲诚其意者，先致其知；致知在格物……自天子以至于庶人，壹是皆以修身为本。

这种致知格物、正心诚意乃至修齐治平的过程，是儒家从“小我”到“大我”的过程，是个人优化和完善自己的过程。这种从个人起步，经家庭、社会、国家乃至天下的安定和治理，都离不开儒家的核心思想“仁义”这两个字。《周易》说：“君子体仁足以长人”，“利者，义之和也”，仁是个人内在品德的完满，义是社会关系的和融，而这一切的起点，都必须建立在正心诚意致知这一心理和精神的状态上。在对精神、心理的修为上，《大学》也有其相应的方法：

> 知止而后有定，定而后能静，静而后能安，安而后能虑，虑而后能得。物有本末，事有终始，知所先后，则近道矣。

这可以说是儒家的一套“止观”，虽没有佛教止观那样细致和严密，但作为社会中的人，在工作和生活中能自觉地以这种方式进行静修，其成效也是相当可观的。古代一些圣君贤臣，只要能不迂腐地有这一层修为，他们所致力的事业，就多了几分成功的因素。要使自己的精神和心理达到这一层火候，就必须对七情六欲有所克制乃至舍弃。孟子说："故天将降大任于斯人也，必先苦其心志，劳其筋骨，饿其体肤，空乏其身，行拂乱其所为，所以动心忍性，增益其所不能。"这样就可以"生于忧患"，从忧患中奋发崛起；反之则会"死于安乐"，在腐化中没落乃至灭亡。

修身的目的是"齐家、治国、平天下"。对这样的大纲，儒家提出了"君君臣臣、父父子子、夫夫妇妇"之道。修身的正心诚意，必须为这个大纲服务。

以齐家而言，就应做到父慈子孝，兄友弟悌，夫爱妻敬，并且和睦邻里。这样的家庭，必然是稳定的，健康的，有凝聚力的。中国的这种家庭模式稳定了两千多年，在现代的商品社会和西方伦理观念的冲击下虽屡经动摇，但毕竟没有被推翻。当西方社会自身步入困境，人们看到极端个人主义对社会、家庭所带来的破坏和不健康的后果时，越来越多的人终于感受到了中国儒家家庭模式的可贵之处。而海外华人资本和企业的运转和发展，恰恰是建立在儒家"齐家"这一家庭模式上，并显示出强大的生命力，使之在海外强烈的种族歧视与商业竞争中不断壮大和发展。在国内改革开放的今天，许多运行良好、得到发展的乡镇企业和个体企业，往往也是以家庭为主体，这不是令人深思吗？

"君君臣臣"是治国之道，君应符合明君的标准，臣应符合贤臣的标准。这个标准，从个人素质上看，是"仁信忠义"。从国家政治上看，是儒家的"礼乐"。"仁信"是君道的核心，当了国君、皇帝也不允许任性和胡为；"忠义"是臣道的核心，当了宰相或封疆大吏，同样不允许任性和胡为。孔子说："君示臣以礼，臣事君以忠。"同时又要随时有"见贤，思齐焉；见不贤，而内自省也"这种健康向上的心理状态。不然的话，就成了孟子所说的："君视臣如手足，则臣视君如腹心；君视臣如犬马，则臣视君如国人；君视臣如土芥，则臣视君如寇仇。"君臣一心求治，统治集团团结向上，国家社会自然就有稳定的基础。统治集团分裂内讧，国家社会就会处于动乱之中。

君道的“仁信”，也就是对儒家礼乐的奉行实践。“仁者爱人”，“一家仁，一国仁”；“使民以信”，“人无信不立”，其意义是明显的，周敦颐在其《读易通书》中对“仁义”有如下的发挥：

> 天以阳生万物，以阴成万物。生，仁也；成，义也。故圣人在上，以仁育万物，以义正万物。天道行而万物顺，圣德修而万民化。大顺大化不见其迹，莫知其然之谓神。

周敦颐所描绘的这种社会，已兼融了道家思想在其中了，现代商品社会，是难以作出这样的反思的。可这样的理想，却不知激励了多少志士仁人。这是淡化了物欲的社会，必须是有淡化了物欲的人生活在其中才是可行的。但随着社会经济的不断发展，人的物欲越来越重。现在一般中产阶级的生活质量早就超过了古代的皇帝，清心寡欲这一套修身治国的准则早退缩为少数个人的康寿之道了，虽然如此，其中的积极精神还是令人向往的。

儒家经典其实是充满朝气的，“清明在躬，志气如神”，“吾日三省吾身”，这种积极自新和进取的精神，的确与苟且和欲贪的精神不类。《中庸》中标出一个“诚”字，可以说是精神和心理的一剂良药，在实践中运用好了，并不比佛教的禅定差。如《中庸》说：

> 诚者，天之道也。诚之者，人之道也。诚者，不勉而中，不思而得，从容中道，圣人也。诚之者，择其善而固执之者也。……自诚明，谓之性；自明诚，谓之教。诚则明矣，明则诚矣。唯天下至诚为能尽其性，能尽其性，则能尽人之性；能尽人之性，则能尽物之性；能尽物之性，则可以赞天地之化育；可以赞天地之化育，则可以与天地参矣。其次致曲，曲能有诚。诚则形，形则著，著则明，明则动，动则变，变则化。唯天下之至诚为能化。

《中庸》中的这一席话，在禅宗看来，那是参透了玄机才说得出来的；以道教看来，也是金丹已成、大道已就的“真人”才说得出来的。

这一席话，无论放在佛书或道书中，都是得骨得髓之言，并且是儒释道三教沟通的重要环节。

一般的人，把儒家的“诚”看得太简单了，常常仅把这个“诚”字，当作人格品行中的一个美德而已，殊不知这个“诚”字，与禅宗的禅和道家的道是那样的贴近。周敦颐在其《读易通书》中，用易学的道理来阐明这个“诚”字，可以说是得到了精髓，他说：“诚者，圣人之本。大哉乾元，万物资始，诚之源也；乾道变化，各正性命，诚斯立焉。纯粹至善也，故曰一阴一阳之谓道……元亨，诚之通；利贞，诚之复，大哉易也，性命之源乎！”他还说：“圣，诚而已矣，诚者，五常之本，百行之源也……诚则无事矣。”但是，诚到底是什么呢？周敦颐继续说：“寂然不动者，诚也；感而遂通者，神也；动而未形有无之间，几也。诚精故明，神应故妙，几微故幽，诚神几曰圣人。”

这里很明确，诚是一种精神状态，这种精神状态，是“寂然不动”的。虽然“寂然不动”，但不是死的，因为它可以“感而遂通”。通向哪里去呢？通向一切主观和客观的领域中。儒家是入世的学说，也就是通往社会生活的方方面面。所以是“五常之本，百行之源”。

“寂然不动”，是精神作用未发动、无污染的清净本原状态。用《中庸》的话来说，那是处于“喜怒哀乐之未发谓之中”的状态。这样的状态，与佛教的禅定在本质上来说是没有什么区别的，要说有区别，只是一是用于入世，一是用于出世。这种“寂然不动”的精神状态，不论东方西方，也不论古今中外，都是人类文明得以展开的精神原点。所以这种无污染的精神本原状态被称之为“天之道”。在社会生活中，使受污染的精神回归于这种状态，就是“人之道”。只有使精神处于这种无污染的本原状态，才可以“尽人之性”、“尽物之性”，乃至达到“可以赞天地之化育”，并与“天地参”的境界，这不是佛教所说的“一切智”吗？这不是道家所讲的“无不为”吗？如果再达到“明则动，动则变，变则化”的境界，那就与佛教的菩萨、道教的真人差不多了。无怪中国佛教后来把孔子尊为“儒童菩萨”。从这一层来看，中国历史上“三教同源”、“三教合一”的观点并非完全没有道理。真理只有一个，只是因人因事的不同而自然形成了差别。

在儒家看来，诚就是中庸之道，诚就是精神的稳定、安宁和纯净。在精神中达到了诚的境界，自然会“择其善而固执之”，在行为活动上，在社会生活中表现出仁信忠孝节义和温良恭俭让的风貌，在特殊的情况下，也可以表现出“至刚至正”、“大智大勇”的力量。现在国家推行爱国主义教育，中华民族两千多年来众多可歌可泣的民族精神和典范，不论是喜剧型或悲剧型的，哪一位不是受到儒家学说的洗礼，哪一位不是以儒家的学说作为自己的精神支柱呢？而中华民族文化的本质，就是以儒家文化为核心，兼融道家文化和中国佛教这一博大的历史文化系统。

一个半世纪以来，中华民族文化深受西方商业——科技文化的压力，对自己存在的合理性及其价值进行了多次痛苦的反思，而今天，西方极度发展的商业——科技文化却给地球、给人类带来了核威胁，地球生态失调，毁灭性的污染，人口爆炸和现代恐怖主义等恶果。随着西方绿色和平运动的兴起，许多有识之士把眼光投向古老的中华大地，对儒家文化寄予了莫大的希望。儒家的“王道”和“大同”理想，在未来世纪的世界政治和经济中，将会受到广泛的注意。而儒家优化后的与社会责任融为一体的个人行为，如仁义忠信诚敬等，当然远远高于和优于西方那种极端的个人主义和自由主义。个人、家庭、社会、国家、世界和谐一体的超稳定结构，是儒家文化在中国两千多年的实践中证明行之有效的理性的社会模式。这种模式，以个人为基点，以家庭为单元，从中央到地方，普及到全社会，形成了以“仁信忠孝节义”为标准的“全面质量管理”的社会伦理模式。这样的社会，减少和避免了许多矛盾和冲突，虽然也不会有因竞争而带来的明显的社会剧变和发展，但它毕竟是健康的、稳定的，有利于人类的长远生存目标和地球生态平衡，所以是可取的。儒家的这一套学说，是对人类社会的一大贡献，在未来的社会和时代中，对儒家学说进行高层次的宣传和普及将是十分必要的。

（二）绝圣弃知，无欲无为
——道家学说对人心性的淡化和改造

如果说儒家对于社会生活中的人心性重点在于优化和改造，那么道家对于心性，重点则在于淡化，并尽量减少人们的社会属性，使之回归“自然”。印度佛教倾向于彻底扬弃社会人生的“涅槃”，这样的精神状态与儒家的差距相当大，与道家也有一定的差距，但随着印度佛教的中国化，这种差距就逐渐缩小。禅宗的“明心见性”，在唐宋以后几乎成为儒释道三教共同的目标。虽然如此，儒释道三教仍各有其特色和属性不相混淆，从古至今，道家思想对人们仍有极为强烈的吸引力。

佛教把人类社会看作“五浊恶世”，但可以作为通往净土的“修道院”；儒家把当时的社会看作是“臣弑其君，子弑其父”的“乱世”，但通过圣君贤臣们的努力，行“圣人之道”，可以把这个“乱世”改造成为“升平世”，乃至“大同世”；道家对社会人生的看法与儒家差不多，但在方法上却大有不同。道家认为“圣人之道”非但无益于世，反而会给社会带来更大的恶果，如老子说：“故失道而后德，失德而后仁，失仁而后义，失义而后礼。夫礼者，忠信之薄而乱之首也。”道家治世的方法是“无为”，对这个“无为”，老子说：“我无为而民自化，我好静而民自正，我无事而民自富，我无欲而民自朴。”只有无欲无为，社会才有安宁之日。对于社会人生，道家为什么不赞成儒家仁信忠孝节义这一套“圣人之道”呢？道家的看法是，没有法，这一套是没有用的，往往适得其反。老子认为“不见可欲，使民心不乱”，而仁信忠孝节义这一套是沽名钓誉的，仍然是一种“欲”。庄子更为激烈地说：“田成子一旦弑齐君而盗齐国，所盗者独其国邪？并与其圣知之法而盗之……以守其盗贼之身乎？”庄子还进一步说：“善人不得圣人之道不立，（盗）跖不得圣人之道不行。天下之善人少而不善人多，则圣人之利天下也少而害天下也多。”所以道家从根本上就不赞成人类智慧的发展，认为人类智慧所派生出来的仁义礼智信及工巧技艺等全是乱世的根源。庄子说：“及至圣人，屈折礼乐以匡天下之形，悬跂仁义以慰天下之心，而民乃踶跂好知，争归于利，不可止也。此亦圣人之过也。”所以道家坚定地抱着“绝圣弃知”的宗旨，向往着“鸡犬之声相闻，民至老死不相往来”的古朴原始生活。

不要认为道家思想太悲观太落后了，在人类智能极度发展的今天，在人口爆炸、生态危机和核威慑的今天，人类乃至整个地球生命之网都受到人类这个极度扩张的智能社会的威胁而处于或存或亡的十字路口上。如果人类不在人口、科技、大工业生产和商品市场上紧急刹车，寻找出与自然和谐共处的有效方案以转变人类社会运行的方向，人类的处境在未来的世纪中是不会令人乐观的——这一切，现代生态学所发出的警告已经够多了。以这样的角度来看，道家学说的“绝圣弃知”、“无为而无不为”就有了十分积极和重要的意义。

人类的根本属性，一是欲望，二是智慧，两者结合在一起，在地球上建造了一个值得人类骄傲的社会文明。欲和智，难以分割地含藏在社会的每一个健康人的身上。如前面所介绍的那样，正是因为这个欲和智，把人类社会污染成了佛教所描绘的“五浊恶世”。所以道家的“绝圣弃知”、“无欲”、“无为”正好与佛教修行的方法一致，特别与后来的禅宗方法一致。

要把一个有欲有知的人改造成为无欲无知的人，其难度与把牛马变成人差不多。在“物竞天择”、“优胜劣汰”的自然和社会中，寡欲尚有可取之处，也为不少“强者”所奉行。但彻底的无欲无知，岂不是等于自取灭亡吗？这的确是没有人愿意牺牲自己而去尝试的。道家认为，这样自然就与道无缘了，神仙不好当啊！

其实，“绝圣弃知”、“无欲”、“无为”，仍然是一种精神状态，是使精神从表象回归于本体和本原的必由之路。人们之所以离精神的本体和本原状态越来越远，根子在于人的社会性。仁信忠孝节义和贪嗔痴慢疑，只不过是社会性的善恶两面罢了，都是社会赋予人们精神的属性，而不能超越。道家看破了这一层关系，所以才坚定地恪守“绝圣弃知”、“无欲”、“无为”这样的信念，只有把这种种社会属性剥落，才能回复到精神的本体和本原状态中。

与佛教相比，道家对于这种回复的过程尚不愿走到底；印度佛教对人类的社会性是彻底否定的，而道家立足的是中国社会，其学说的重点在于对人类的社会性，也就是人心性的淡化和改造。老子说：“见素抱朴，少私寡欲”，以达到“使人精神专一，动合无形，赡足万物……与时迁移，应物变化，立俗施事，无所不宜，指约而易操，事少而功多”（《史记·太史公自序》）。这样，道家的“绝圣弃知”反而成了治世的方略，并在西汉初期得到了实践的有效证明。

道家学说在历史上曾有从老庄、黄老到道教的演变过程。老子的《道德经》虽只有“五千言”，却兼具了入世和出世两个方面，并受到历代王朝的欢迎和运用。庄子的出世思想比老子强烈得多，也走得更远，所以谈不上治世的功能。也正因为如此，庄子在心性的淡化和改造上，对人的社会性的批判和扬弃就更为独到深刻，虽没有形成佛教那种博大和严密的体系，但却沟通了印度佛教与中华文化；并且是佛教中国化的重要催化剂，而且是中国禅宗的源头之一，禅宗许多重要的思想方法，都可以在庄子的思想中见到其雏形。

道家对人生的淡化到底要走多远，在中国历史上，那是因人因事因时而异的。清心寡欲，放弃对名利的追逐是其根本特征。有的人隐于山林，有的人隐于田园，有的人隐于闹市，当然也有隐于官宦的。刻意的隐居，反而成了一种新的心理负担了。

隐居，是淡化心性的一种外在形式，而内在形式，则是对内心物欲的清扫。对此，道家没有佛教那种博大严密的体系，却有其相当可行的方法。无知无欲无为无能等等，对稍了解中国思想史的人来说，并不陌生，但这一切不是学问，也不是愤世嫉俗的心态，真正的道家人物，的确是以这一套作为修行和实践的准则。尧舜时的许由、务光，孔子时的楚狂、桀溺、荷蓧丈人，汉代的严光，晋代的陶渊明等，都是以无知无欲无为无能来要求自己，并生活于其中。

这种对社会物欲名利的淡化和清扫，是否就失去了一切呢？不！失去的只是物欲和当时的名利，而得到了心灵的祥和安宁和人格的完美。物欲名利，往往如同精神上的疮痈，疮痈一去，这个精神自然也就美了。中国历史上许多著名的思想家、文学家、艺术家，他们的成就，往往与道家这一套思想分不开，他们的创造灵感，往往也来源于对物欲名利的放弃和回归自然时所得到的那样一种人格美和自然美。当然，宋以来中国文化的儒道互补结构演化为儒禅互补结构以后，道家的这种风格，就转移到了禅宗的身上。如果把禅宗与庄子作一番直接的内在比较，就会发现其中的血缘关系。如禅宗讲“教外别传，不立文字”，而庄子讲“绝圣弃知”（与老子的“绝圣弃知”相比，庄子要彻底得多）；禅宗讲“顿悟”、“豁然”，而庄子讲“朝彻”、“见独”；禅宗讲“顿悟成佛”，庄子讲“即人而天”；禅宗说墙壁瓦砾是“古佛心”，庄子说蝼蚁、稊稗、瓦甓是“道”……太多了，如禅宗的公案机锋棒喝，也可以看作是庄子的“寓言”、“卮言”经魏晋名士如《世说新语》那一类语言行为方式的演变。甚至圭峰宗密在《禅源诸诠集都序》中所列举禅宗的三种层次，在庄子中也有相应的表露，如“息妄修心宗”与庄子的“吾丧我”、“坐忘”、“心斋”相类；“泯绝无寄宗”与庄子在《知北游》等篇中描写的“无为谓”、“无穷”、“浑沌”等相类；“直显心性宗”则与庄子笔下众多的隐者乃至残疾人相类。如果对禅宗和庄子不带偏见地细加体会，就会发现禅宗和庄子不论风格、神韵和方法竟是那样的接近，只不过禅宗披的是袈裟，而庄子披的是道袍。

最有趣的是禅宗的“印心”、“传灯”与庄子的“得道”、“知道”竟也如此的相似。禅宗的“禅”是“千圣不传”，是“不可说”的。老师的责任是“指月”，而“见月”必须学生自己“见”。这种传法的方式，庄子也有表述，在《天运》篇中，庄子假借老子指导孔子说了如下一席话：

> 使道而可献，则人莫不献之于其君；使道而可进，则人莫不进之于其亲；使道而可以告人，则人莫不告其兄弟；使道而可以与人，则人莫不与其子孙。然而不可者，无它也，中无主而不止……

那么人们怎样才能“得道”呢？也在这一篇文章中，庄子仍然假借老子指导孔子的话说：

> 夫白鹅之相视，眸子不运而风化；虫雄鸣于上风，雌应于下风而风化；类自为雌雄，故风化……孔子不出三月，复见曰："丘得之矣。乌鹊孺，鱼傅沫，细腰者化，有弟而兄啼。久矣乎丘不与化为人！不与化为人，安能化人。"老子曰："可。丘得之矣！"

这简直是一篇典型的带有机锋转语的禅宗公案。如沩仰宗的香严禅师开悟时对仰山禅师说的那首偈语：

我有一机，瞬目视伊。
若尔不会，别唤沙弥。

这与庄子所表达的毫无差别，马祖说：我有时要伊扬眉瞬目，有时不要伊扬眉瞬目；有时扬眉瞬目是，有时扬眉瞬目不是。再如德山禅师隔江摇扇，天龙禅师竖一指，乃至于鸡叫狗咬鱼游，那些非社会、非思维、无理性进入的种种精神状态，就是禅或道的本身，也就是精神的本体或本原。如庄子在《知北游》中所说的"无思无虑始知道，无处无服始安道，无从无道始得道"，而且对这一理会也必须泯灭，因为道一成为"可道"之物，就"非常道"了。禅与庄子是如此的相类，无怪日本禅宗大师铃木大拙说，禅宗之启迪于庄子，无异庄子之启迪于禅宗。

总之，翻开中国思想史一看，儒家内有不少佛道的内容，道家内有不少佛儒的内容，佛家内也有不少儒道的内容。这一切毫不奇怪，因为人心是相通的，思想是相通的，生活是相通的，社会也是相通的。只有通——无鸿沟、无壁障、无间隔，才能容纳和吸收，才有发展和演变。通就是禅，就是道，就是心，就是人们无污染的精神和理性。

2008年再版后记

日历天天翻新，岁月代谢不息，几十个春秋转瞬即逝，未来尚未来临，属于自己的、永远如影随身的只有这个“现在”。过去的许多事情早已沉入脑海，现在对它只是一片空白，但一经提示，过去的一切，总会得到或明或暗的回忆。未来的一切尚未来临，现在对于未来仍然是一片空白，当必须对未来的事作出一番抉择时，心中总会有一些合理或不合理的盘算和规划。既非过去，又非未来，就是现在，总有事情供“现在”去忙碌。哪怕是无事可做，“现在”也必须面对这个“无事”进行一番应酬。

人们对于自己的心灵，永远是一种不花钱的消费，许多人对这个心灵则是浪费——真是可叹可息。一些人用心灵来思考事物，一些人用心灵来改造事物，只有少数人用心灵来认识心灵、感受心灵。人们能给自己的世界带来什么呢？能给自己的心灵带来什么呢？……

张中行先生在其《禅外说禅》的大作中，提出了一个“禅内禅外”的问题，的确高明老到。就佛教而言，没有披袈裟的人，很难说他在“外”；而披上袈裟的人，同样难说他在“内”。历代高僧大德，如玄奘、慧能、憨山、莲池等，原本就如凤毛麟角。居士中如维摩、庞蕴的又多为传说。再如香山、东坡等也说不清他们到底是在“内”还是在“外”。只有唐代李通玄居士，可能没有人怀疑他在“外”。

对佛教唯识学作一些系统和通俗性的介绍比禅宗还要艰难。因为禅宗本来就是平民化、生活化、艺术化而且中国化的佛教。尽管如此，“禅内禅外”也不是游戏之事，开不得玩笑。作为古印度的唯识学，虽然玄奘大师的翻译极为精炼准确，历代大师也多有阐述，毕竟是学术中最为艰深的部分——这一完整精严的、与修行合为一体的、凡圣并融的精神王国的庞大体系，决非笔者目前所能完全消化的。四川省社科院和四川人民出版社交给笔者这一课题，半年来的确使人消瘦不少，也只做成一碗“夹生饭”。

关心我的几位朋友帮我校完全稿，认为具有“填鸭”的效应，笔者没有办法，因为对六根六尘十八界，对五位百法，仅作辞典式的条目介绍都会把篇幅占完，哪里还有余地去发挥——尽管笔者也尽力而为了。同时，佛教的体系就是人们的精神体系，佛教内的各宗各派对这个精神体系都有自己的发挥。唯识学在理论体系上所做的贡献是无与伦比的。而中国佛教，如天台、华严，特别是禅宗，则在实践的方法上有独特的、不可取代的贡献。结合唯识学加一些漫谈，对佛教修行中的一些精神现象，或对精神现象本身无疑也是必要和有益的。

儒释道三教是中华民族历史文化的主体，并互通互融。在最后的章节里结合佛教简单提示一下儒道的思想和行为结构，是必要的，这样才会对中华民族历史文化有一个整体性的认识，也才会对中国佛教的实质和意义有完整的认识。当然，这仅是笔者个人的意愿，未必能达到这样的效果，日后有机会自当加强这方面的努力。

就本书而言，也有一个“内外”的问题，既然在写这样的题目，就不能说超然于“外”；自己尚“诚惶诚恐”，也就不能说深入其“内”。有时心到意到笔不到，有时笔到而心意不到，那就只好非内非外，任人评说了。

早在上山下乡时期，海灯法师说：“应无所住而生其心，你们怕苦怕累，好逸恶劳，处处生心，还谈什么佛法！”——那种新奇感，的确是在读《坛经》时所没有感受到的。本光法师要学生们泡在“五乘共教”中，对孔孟老庄杨墨申韩到程朱陆王，对道教寇葛吕陈邱张等直到西方古希腊、文艺复兴及爱因斯坦都要“一览而尽”，然后再参“向上一着”——当时的茫然，至今仍心有余悸。当贾老——贾题韬老先生要我们在“父母未生前”速道速道时，那一身的冷汗的确湿透了衣裳。向杨老——杨光岱先生请教时，得到的总是摇头和“不是不是”。向离欲老和尚求教时，那老和尚却从不说“这个”……

没有办法，说不清楚，总之现在这15万字的稿子总算交出手了。

笔者

1994年12月于成都庶矣斋

图书在版编目（CIP）数据

心灵锁钥／冯学成 著. —北京：东方出版社，2013.9
ISBN 978-7-5060-6875-8

Ⅰ.①心… Ⅱ.①冯… Ⅲ.①人生哲学—通俗读物 Ⅳ.①B821-49

中国版本图书馆 CIP 数据核字（2013）第 226955 号

心灵锁钥
（XINLING SUOYUE）

作　　者：冯学成
责任编辑：贺　方　王　萌
出　　版：东方出版社
发　　行：人民东方出版传媒有限公司
地　　址：北京市西城区北三环中路 6 号
邮政编码：100120
印　　刷：北京文昌阁彩色印刷有限责任公司
版　　次：2013 年 12 月第 1 版
印　　次：2022 年 8 月第 2 次印刷
开　　本：700 毫米×960 毫米　1/16
印　　张：12
字　　数：145 千字
书　　号：ISBN 978-7-5060-6875-8
定　　价：38.00 元
发行电话：（010）85924663　85924644　85924641